● 土木工程施工与管理前沿丛书

装配式混凝土建筑生态激励机制研究

李丽红　孔凡文　居理宏　著

U0249071

中国建筑工业出版社

图书在版编目（CIP）数据

装配式混凝土建筑生态激励机制研究/李丽红，孔凡文，居理宏著. —北京：中国建筑工业出版社，2018.9

（土木工程施工与管理前沿丛书）

ISBN 978-7-112-22582-8

Ⅰ.①装… Ⅱ.①李… ②孔…③居… Ⅲ.①装配式混凝土结构-研究 Ⅳ.①TU37

中国版本图书馆 CIP 数据核字（2018）第 195289 号

PC 建筑激励机制的研究成果可作为政府对 PC 建筑企业制定激励政策的重要依据，是长效解决 PC 建筑经济外部性问题的最佳途径。研究同时发现，PC 建筑的消费者是碳排放的主要贡献者，理应成为碳排放责任的首要承担者。本书为政府部门制定针对 PC 建筑生态效益激励机制提供参考，以通过制定政策激励、激励政策的方式增强其市场推动力。

* * *

责任编辑：张智芊
责任校对：王雪竹

土木工程施工与管理前沿丛书
装配式混凝土建筑生态激励机制研究
李丽红 孔凡文 居理宏 著

*

中国建筑工业出版社出版、发行（北京海淀三里河路 9 号）
各地新华书店、建筑书店经销
北京红光制版公司制版
北京京华铭诚工贸有限公司印刷

*

开本：787×1092 毫米 1/16 印张：8¾ 字数：181 千字
2018 年 11 月第一版 2018 年 11 月第一次印刷
定价：**36.00** 元
ISBN 978-7-112-22582-8
（32562）

　　本书得到 2016 年辽宁省教育厅人文社科基金项目现代建筑产业的生态补偿机制研究——以装配式混凝土建筑为例（WJZ2016008），以及 2017 年辽宁省科技厅博士启动基金项目 PC 建筑碳排放测算体系研究（20170520044）的资助，在此特别表示感谢！

前　言

目前，我国正大力推广装配式建筑，《中共中央国务院关于进一步加强城市规划建设管理工作的若干意见》提出，要大力推广装配式建筑，减少建筑垃圾和扬尘污染，缩短建造工期，提升工程质量，制定装配式建筑设计、施工和验收规范，完善部品部件标准，实现建筑部品部件工厂化生产，鼓励建筑企业装配式施工，现场装配，建设国家级装配式建筑生产基地。《中共中央国务院关于进一步加强城市规划建设管理工作的若干意见》提出建筑八字方针"适用、经济、绿色、美观"，力争用 10 年左右时间，使装配式建筑占新建建筑的比例达到 30%。发达国家的实践表明，装配式建筑的优势表现在提高劳动生产率，改善工人作业环境，还有利于节能减排，对转变行业发展方式意义重大。近几年，国家对可持续发展和建筑工业化的重视程度加大，装配式建筑的推广和研究再次成为热点。

装配式建筑包括装配式混凝土建筑、装配式木结构建筑、装配式钢结构建筑。而装配式混凝土建筑作为装配式建筑的重要载体，在现代建筑产业化中发挥了重要作用。因此我们将研究重点放在装配式混凝土建筑在推广过程中遇到的问题和瓶颈。

通过文献收集和企业调研发现，我国装配式混凝土建筑的设计和施工技术研发水平还无法满足社会需求，也跟不上建筑技术发展的变化，根本原因是装配式混凝土建筑发展缺乏动力，就投入产出比来讲，发展装配式混凝土建筑的速度仍然有待提高，目前装配式混凝土建筑主要体现在保障性住房等公益性建筑方面，普通民用商用建筑上的应用仍有很大的发展空间。政府出台了一系列的政策鼓励装配式建筑工程的发展，但政策实施效果不一；公众对装配式混凝土建筑工程的认知水平还有较大的差异。在该背景下我们又进一步明确研究方向，选择了对装配式混凝土建筑的生态效益核算和激励机制的研究。

在研究过程中，研究团队陆续在国内外期刊上发表相关论文 20 余篇，不断地丰富和提升了本书的研究广度和深度。此外，本书在撰写过程中还先后成功获得辽宁省教育厅人文社科基金（WJZ2016008）和辽宁省自然科学基金（20170520044）等课题的支持。

两年多的研究过程中，得到了沈阳建筑大学管理学院齐宝库教授的大力支持，为研究成果的完善与丰富做出了巨大贡献。

感谢中国建筑工业出版社的张智芊编辑为本书出版不辞辛苦，数次沟通与修改完善，被张编辑严谨的工作态度和孜孜以求的专业精神所感动！

本书的出版，参考了业内同仁们出版的著作、教材、期刊和学位论文，一并表示感谢！

本书虽然对研究内容和研究方法几度推敲和校阅，但由于水平和能力所限，仍会有不遂人意之处，恳请各位专家和读者对我们的疏漏之处进行批评和指正，提升本书的研究深度和行业引领性！

目 录

第1章 绪 论

1.1 研 究 背 景

1.1.1 "减排"背景下政府主推装配式混凝土建筑的发展

近年来，CO_2 的过度排放已严重威胁到人类生存和活动。2009 年哥本哈根联合国气候变化大会上，我国正式做出减排承诺。目前建筑业消耗着大量能源资源，极大地破坏了环境，与我国构建"两型社会"严重相悖。相关文献表明，建筑业潜在节能减排比例为 20%～50%[1]，建筑业亟待转型升级。装配式混凝土建筑（Prefabricated Concrete Buildings，很多文献将其简称为 PC 建筑或 PCa 建筑，文中统一简称为 PC 建筑）可减少能源、资源和劳动力消耗，减少建筑垃圾和环境有害物的产生等，具有突出的生态效益。推动以 PC 建筑为代表的建筑产业现代化发展，将助力实现建筑行业贯彻落实减排目标，全面推进构建"两型社会"[2]。

《中共中央国务院关于进一步加强城市规划建设管理工作的若干意见》提出建筑八字方针"适用、经济、绿色、美观"，力争用 10 年左右时间，使 PC 建筑占新建建筑的比例达到 30%。《中共中央关于制定国民经济和社会发展第十三个五年规划的建议》也强调大力推进我国以 PC 建筑为代表的绿色建筑的发展。北京、上海、沈阳、深圳、合肥等多地政府、企业都加大投入促进其发展。发达国家的实践表明，PC 建筑可提高劳动生产率，改善工人作业环境，还有利于节能减排，对转变行业发展方式意义重大。近几年，国家对可持续发展和建筑工业化的重视程度的加大，住房城乡建设部和各地政府部门陆续出台很多文件要求推进 PC 建筑的发展。

1.1.2 PC 建筑的正外部性没有得到科学认知

在行业实践中，笔者却发现以 PC 建筑为代表的建筑产业现代化发展市场遇冷。进一步分析发现，这种"政府主推、市场遇冷"主要是由于以下两点原因（图 1-1）：

一是因为 PC 建筑具有突出的生态效益，这种生态效益具有明显的正外部性。但目前这种正外部性并没有得到科学的认知。即其受益群体是整个社会，而目前这种生态效益的成本却经由政府和开发商等经济主体转嫁到了需要 PC 建筑的消费者承担。这种对其正外部性的迷茫也导致了政府对建筑产业现代化的激励和激励政策力度不

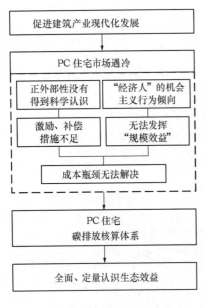

促进建筑产业现代化发展

↓

PC 住宅市场遇冷

正外部性没有得到科学认识 ｜ "经济人"的机会主义行为倾向

激励、补偿措施不足 ｜ 无法发挥"规模效益"

↓

成本瓶颈无法解决

↓

PC 住宅碳排放核算体系

↓

全面、定量认识生态效益

图 1-1 研究背景

够、效果不好，抑制建筑产业现代化的市场推动力。

二是因为作为"经济人"的消费者具有完全的理性，做出的都是让自己利益最大化的选择[3]。因此，基于"机会主义行为倾向"，消费者们往往不会选择 PC 建筑，而这也进一步导致了建筑产业现代化无法发挥"规模效益"降低其成本，致使建筑产业现代化的发展陷入困境之中。

在经济学中，"外部性内部化"是解决问题的根本思路，即通过制度安排经济主体经济活动所产生的社会收益或社会成本，转为私人收益或私人成本，使技术上的外部性转为金钱上的外部性，在某种程度上强制实现原来并不存在的货币转让。

由于 PC 建筑的正外部性无法得到合理激励，因此其存在成本略高的发展劣势，目前市场对其接受程度普遍不高[4-5]。本书致力于全面、定量地认识其生态效益，进一步促进 PC 建筑的合理激励的政策方案设计，即可有效解决 PC 建筑这一发展瓶颈，促进建筑产业现代化的快速发展。因此，基于这个前提，如何对 PC 建筑碳排放进行全面、定量的测算，并制定碳排放测算标准模型，是最亟待解决的根本问题，也是研究重点所在。

1.1.3 对 PC 建筑的激励制度设计缺乏系统性

我国 PC 建筑设计和施工技术研发水平还无法满足社会需求，也跟不上建筑技术发展的变化，根本原因是 PC 建筑发展缺乏动力，就投入产出比来讲，发展 PC 建筑的速度仍然有待提高，目前 PC 建筑主要体现在保障性住房等公益性建筑方面，普通民用商用建筑上的应用仍有很大的发展空间。激励机制是 PC 建筑得以推广的重要因素之一，是实现 PC 建筑经济上可行的关键所在。政府出台了一系列的政策鼓励 PC 建筑工程的发展（详见本书 1.4 节），但政策实施效果并不理想；公众对 PC 建筑工程的认知水平仍有较大的差异[6]。研究 PC 建筑发展的瓶颈并给出相应解决对策是理论研究者、实践推行者和政策制定者的当务之急。

PC 建筑激励机制作为一项解决 PC 建筑可持续发展问题的重要政策工具，本质上是一种激励与约束相容的制度安排[7]，其核心思路是激励对 PC 建筑系统施加初始推动力，逐步增强持续推动力——市场内动力，最后推动 PC 建筑外部性内部化的实现，解决生态环境资源开发利用过程中"搭便车"的现象，探索建立健全 PC 建筑激励的公共财政政策与产业扶持政策。

1.2 研究目的和意义

PC 建筑集聚了工业化和绿色建筑的优点。可充分利用资源、提高生产效率、减少污染，是建筑业未来发展的方向。目前，相关政府部门大力推动 PC 建筑的发展，出台了一些有利于 PC 建筑发展的政策，但是由于 PC 建筑的造价仍远高于传统建筑模式，增加了企业的成本和消费者的负担，导致企业的主动性不高，消费者的认可度不够，没有形成良好的市场氛围，因此亟须解决 PC 建筑发展推动力不足的问题，让消费者接受这一新理念。

本书从 PC 建筑生态激励的角度出发，结合国内外已有的激励理论，对 PC 建筑生态效益及碳排放的概念、理论基础，以及现有激励政策存在的问题，进行全面、深入地探讨，以期通过碳排放的核算、激励机理的分析，科学设计激励路径与标准，明晰科学合理的激励方案等方式完善沈阳市的 PC 建筑激励政策，建立符合 PC 建筑发展的政策体系，探索运用经济手段解决 PC 建筑效益不能被正确衡量的问题。并以沈阳市 PC 建筑激励为典型实证研究，提高相关企业运用 PC 建筑技术的主动性，提高消费者对 PC 建筑的认可度，增强市场推动力，从而使得 PC 建筑在沈阳市得到发展长远。

研究意义：

（1）为了达到相关产业化发展的目标，全国各省市政府在推进以 PC 建筑为代表的现代建筑产业发展方面均推出了众多利好措施。但 PC 建筑在实践中的发展速度依然缓慢，其原因也众说纷纭。究其本质来说，由于 PC 建筑的成本较现浇高，投入的施工机械增加，建设单位和施工单位对此的积极性并不高。本项目旨在结合沈阳地区的 PC 建筑的发展现状，研究其生态效益，制定装配式混凝土建筑的生态激励措施和具体方案的制度设计，解决好目前"政府主推"与"市场遇冷"冰火两重天的现实窘境。

（2）通过碳排放测算体系得出 PC 建筑全生命周期内的碳排放，以定量分析取代以往的定性分析，凸显其相较于传统现浇建筑在节能减排方面的优越性；同时也为探索更加完善的针对 PC 建筑碳排放量化方法，为建筑领域的碳排放标准化计算提供理论依据。

（3）分析 PC 建筑的碳排放源情况，有助于从建筑全生命周期源头——设计阶段出发，以项目进展过程中的不同参与方——政府部门、开发商、设计单位、构件生产厂商、建筑方、材料和设备供应商、消费者、物业管理单位等视角，定量分析其碳排放情况，为后续研究提供严谨可靠的数据支撑。

（4）有利于丰富 PC 建筑生态激励机制的系统性理论研究。目前还没有文献针对 PC 建筑的生态激励机制进行系统的研究，甚至对现代建筑产业的生态效益核算应该包括哪些内容、用何种方法进行现代建筑产业的生态效益核算更合理、现代建筑产业的外部正效益较大的背景下传统的市场配置资源是否有效、生态效益激励政策推进现代建筑产业发展的效果如何评价等问题都没有文献进行深入的研究，因此本书将在装配式混凝土建筑的生态效益评价及生态激励机制方面进行创新性的研究。

1.3 研究假设的提出

如何推进现代装配混凝土建筑发展，在解决这些制约发展的瓶颈因素——技术、管理和成本这三个方面的同时，还需要进行更深层次的思考。如"经济人"机会主义行为现象的存在，针对装配混凝土建筑的正外部性没有科学的评价以及缺少切实有效的激励措施等。因此可提出两个假设（图 1-2）：

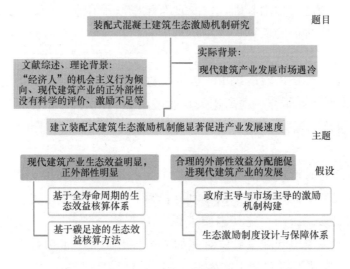

图 1-2 研究假设的提出

1. PC 建筑的生态效益、正外部性明显

根据该假设，需要基于某种方法进行其生态效益的核算，本书分别基于全寿命周期建立生态效益核算体系、基于碳足迹建立生态效益核算方法进行核算。

2. 合理的外部性效益分配能促进 PC 建筑产业的发展

外部性效益分配即建立相应的生态激励机制，而该机制可以显著地促进产业发展。对此应构建设计生态激励制度与保障体系，以及确定政府主导与市场主导的在激励机制中的关系。该假设的验证需要解决：测定蛋糕有多大——PC 建筑产业生态效益核算体系和方法；蛋糕由谁来分——政府主导激励和市场主导激励的博弈关系与绩效对比；怎么分蛋糕——将生态效益的价格激励与实体激励机制比较，根据激励机制保障体系的建设情况决定。

本书对生态激励机制的研究更多引用和使用经济学的方法及观点，将生态激励机制视为一种制度安排。因此其与其他制度安排一样，需要通过微观主体的行为发挥作用。在 PC 建筑产业中，产业的利益相关者众多，这些微观主体行为受诸多因素的影响。这也就说明了特定生态激励机制的成功不足以说明这种激励机制具有通用性，需要建立动态调整的激励制度。因此需要分析不同生态激励机制对装配式混凝土建筑产业发展发挥作用的机理，对生态激励机制进行设计，开拓一种新的研究思路。

1.4　国内外研究现状

装配式混凝土建筑中的生态激励机制涵盖了生态效益核算及激励机制设计两个核心问题。前者解决"激励多少"的问题，后者解决"给谁激励"与"激励多少"的问题。因此在确定选题和研究过程中参阅了大量国内外文献，包括国内外 PC 建筑的概念及发展现状、国内外学者对于 PC 建筑的研究现状、碳排放效益核算、碳排放计算方法、系统动力学研究现状以及其他领域的激励研究相关的文献，通过对文献的梳理可知目前为止 PC 建筑研究的薄弱部分，确定研究方向，且可借鉴其他学者是如何运用系统动力学研究其他问题的，除此之外，其他领域的激励机制的研究思路对本书具有重要的借鉴与指导意义。

1.4.1　装配式混凝土建筑的研究现状

通过对中国知网系列数据库中 2013—2016 年间发表的国内关于"PC 建筑""装配式混凝土建筑""PCa 建筑"的相关文献的统计与分析，尝试以文献资源为依据，梳理我国近三年来关于装配式混凝土建筑的研究成果和趋势走向。

笔者选用中国知网（CNKI）的中国期刊全文数据库、中国博士学位论文全文数据库、中国优秀硕士学位论文全文数据库、中国重要会议论文全文数据库、国际会议论文全文数据库作为文献数据的来源，检索时段限定为 2013—2016 年，使用文献覆盖面广且准确率高的"主题"检索项[8]，选取"PC 建筑"或含"PCa 建筑""预制装配式"作为检索词进行检索。经过人工反复筛选剔除非恰当文献，并修改主题检索条款以搜寻遗漏文献，截至 2016 年 10 月 20 日，共收集到 1173 篇与主题相关的文献作为研究对象，经统计后的数据分析如表 1-1 所示。

相关文献数据统计分析表（单位：篇）　　　　　　表 1-1

	技术类	经济类	管理类	其他类	合计
2013 年度	105	15	28	59	207
2014 年度	111	41	43	81	276
2015 年度	124	55	61	115	355
2016 年度	126	38	53	118	335
合计	456	159	185	373	1173

由此可分析出，相关文献数量逐年的增加表明了 PC 建筑研究已经成为研究热点，需要更多有价值、有意义的研究成果指导 PC 建筑的发展。根据进一步数据分析可得出，针对 PC 建筑的管理类研究文献数量在逐年增长，对 PC 建筑生态效益和激励政策的研究都具备了一定的研究基础，这些都为 PC 建筑的宏观政策管理控制初步提供了思路。除去综述类研究，针对 PC 建筑生态效益和激励政策的研究也在递增，这也说明了该研究也越来越得到学者们的重视。

关于 PC 建筑的概念仍在不断的发展变化之中，目前并没有一个明确的定义。表 1-2 列举了一些学者对 PC 建筑的定义。

PC 建筑定义梳理 表 1-2

学者	文献	定义
李丽红等[9-10]	1. PC 建筑经济装配率测算； 2. 装配式住宅构件预制率的测算及构件类型的选择	PC 建筑是将各类通用预制构件经专有连接技术提升为工厂化生产，在现场主要采用机械化装配的专用建筑技术体系
齐宝库等[11]	PC 建筑建造方案综合评价指标体系构建与评价方法研究	装配整体式混凝土结构（PC）是将预制混凝土构件通过连接部位的后浇混凝土、浆锚或叠合方式，组装成具有可靠传力和承载要求的结构
张伟[12]	装配整体式混凝土结构钢筋连接技术研究	装配整体式混凝土建筑是指结构的部分混凝土构件在预制构件厂进行加工制作，将质量验收合格的预制构件运输到施工现场，在现场用安装机械吊装就位，各个构件之间采用可靠的连接方式连接成为整体
刘康[13] 李颖[14]	预制装配式混凝土建筑在住宅产业化中的发展及前景、基于价值链模型的 PC 建筑成本分析研究	PC 建筑是各类通用预制构件，经专有连接装配而成的建筑。预制混凝土制品构件全部在工厂里完成，运输至施工现场进行吊装
李滨[15] 徐雨濛[16]	我国预制 PC 建筑的现状与发展 我国 PC 建筑的可持续性发展研究	PC 建筑是预制式 PC 建筑或者预制装配式住宅的简称，表示部分建筑构件的完成是在预制工厂生产，然后运输到施工现场，以机械吊装或其他的可信任的手段连接，用零散的预制构件组装成整体，以此形成具有使用功能的房屋
蒋勤俭[17]	国内外装配式混凝土建筑发展综述	装配式混凝土建筑指现浇和预制相结合，以工厂化生产的混凝土预制构件为主，通过现场装配的方式设计建造的混凝土结构类房屋建筑

按照学者对其特征的解释，PC 建筑的特征可归纳如下：

（1）结构形式采用现浇整体式结构与预制装配式结构相结合的结构体系；

（2）建筑的部分构件需要在预制构件工厂内统一生产；

（3）预制构件需由预制构件工厂运输至施工安装现场保存，且需塔吊、起重机等机械设备辅助构件就位；

（4）构件之间以及构件与建筑物之间采用钢筋、连接件、混凝土灌注等方式进行固定连接；

（5）对于未应用预制构件的建筑部位，仍采用现场浇筑的方式进行建造。

在此基础上可总结出，与传统现浇建筑相比，PC建筑具有表1-3所列的特征。

PC建筑增加的阶段及工作　　　　　　　　　　　表1-3

阶段	阶段内增加、节省的工作或影响
规划设计阶段	1. 深化设计； 2. PC建筑施工方案制定； 3. 备案
构件生产运输阶段 （新增阶段）	1. 预制构配件在预制工厂内工业化生产； 2. 预制构件的运输； 3. 预制构件在现场的存放
安装施工阶段	1. 大型吊装设备安装及拆除； 2. 预制构配件的吊装就位； 3. 预制构配件之间及预制构配件与建筑体的连接； 4. 减少现场湿作业、钢筋制作等作业量； 5. 减少模板、脚手架等的使用； 6. 减少现场工人需求量
使用及维护阶段	1. 保温外墙的使用可以使房屋达到更好的保温效果； 2. 预制墙板因其高质量可延缓材料的损耗，减少其维护和更换率
拆除及回收阶段	1. PC建筑的预制构配件部分可实现整体拆除； 2. 拆除后的部分预制构配件可回收再利用

PC建筑相比传统现浇整体式建筑具有诸如提高工程质量、缩短施工周期、节约劳动力、"四节一环保"等优势[9-10]。

与预制装配式混凝土建筑相比，其一次投资较少，因更加简单的结构节点连接和更加清晰的结构传力路径而具有更好的结构整体性，且具有更高效的装配效率[14,16,18]。因此其较高的适用性也得到了广泛的应用。

目前，很多研究学者主要针对制约PC建筑发展的成本因素展开研究。李丽红等人[19]通过实证研究对现有PC构件的价格影响因素及影响程度进行了归纳总结，将影响因素分为土地、厂房、设备、税费四种，并分析了不同影响因素的影响程度，其研究成果对于确定激励形式具有指导意义。齐宝库等人[20]整合了PC建筑产业链。除此之外，国内学者对于PC建筑在技术、结构体系以及其他方面也做了一系列研究，具体研究成果归纳为表1-4。

7

国内 PC 建筑研究文献 表 1-4

论文题目	作者	年份	主要研究内容
装配整体式建筑经济装配率的核算	李丽红等[9]	2015	以沈阳市多个装配整体式住宅成本数据为基础，通过详细分析与核算，到不同装配率下建筑的经济效益情况
预制装配式钢结构建筑经济性研究	崔璐[21]	2015	对预制装配式钢结构建筑体系的总体造价成本进行分析，并将其与现绕混凝土结构体系进行经济性比对，探讨了影响预制装配式钢结构建筑体系造价的主要因素
绿地集团 PC 建筑探索与实践	杨波[22]	2015	现阶段 PC 建筑虽然发展很快，但是成本居高不下，通过实例研究发现，仅建筑安装工程费用，成本费用就高达 20%～50%
我国 PC 建筑发展存在的问题及对策建议	齐宝库等[20]	2014	提出政府应合理构建激励机制，形成强有力的外源动力，借此进一步完善 PC 建筑全产业链
保障性住房的工业化设计研究	郑方园[23]	2013	提出以 PC 预制为支撑体系的主要结构，从政策建议角度出发，推进保障性住房产业化设计体系
基于 PC 装配式技术的保障房标准设计研究——以北方地区为例	张博为[24]	2013	对我国北方自 2007 年以来典型的 PC 组装技术的结构体系和外墙系统进行了总结

近年来国外有相当一部分学者将研究重点放在了 PC 建筑在全寿命周期的节能减排情况，例如，Hong 等人[25]通过研究预制构件在其生命周期能源使用情况，得出除了可重复使用性之外，还通过减少废物和高质量控制获得节能效果，节省总生命周期能耗的 4%～14% 的重要结论；Silva 等人[26]为现有建筑物提供了一个新的预制改造模块解决方案。还有部分学者对于 PC 建筑主要存在的问题及发展模式进行了深入探索，如表 1-5 所示。

国外 PC 建筑研究文献 表 1-5

论文题目	作者	年份	主要研究内容
Construction industry and national economy: Modern rends and urgent problems of perspective development	Kamenetskii[27]	2011	揭示并分析了建筑业作为国民经济结构要素的现代发展趋势和存在的问题，解决问题的主要方法是证实
建筑生产论	日本学者关武保义[28]	2010	从技术层面提出住宅产业化生产必须要符合生产的标准化
Industrialized and automated building stems, emission intho Eu Manufacturing sector	WarszawskiA[29]	2013	提出早期的住宅产业化发展的阶段，预制构件的标准化尤为重要
From craft production to mass customization	Barow[30]	2014	从需求的角度来看，住宅产业化是住宅发展的必然趋势

8

论文题目	作者	年份	主要研究内容
Research on Selection of Logistics Supplier in the Process of Housing Industrialization	Pan 等人[31]	2016	基于数据包络分析，构建绩效评估模型，并进行了实证分析
Low carbon construction systems using prefabricated engineered solid wood panels for urban infill to significantly reduce greenhouse gas emissions	Lehmann[32]	2013	提出低碳预制模块化建筑系统，将有助于减少温室气体的浪费以及资源的浪费
Concrete prefabricated housing via advances in systems technologies	Blismas 等人[33]	2009	提出预制混凝土住宅建设的创新对于推进具体行业的供应链能力的重要性
Effect of Prefabricated Crack Length on Fracture Toughness and Fracture Energy of Fly Ash Concrete Reinforced by Nano-S_iO_2 and Fibers	Zhang 等人[34]	2016	通过试验研究了预制裂纹长度对确定混凝土复合材料断裂参数的影响
An experimental study on the indoor thermal environment in prefabricated house in the subtropics	Wang 等人[35]	2016	临时预制房屋（PH）内的热环境随室外变化明显，应当采取适当的措施来改善室内的热环境
Comparison of passi Vecooling techniques in improving thermal comfort of occupants of a prefabricated building	Samani 等人[36]	2016	比较了遮阳、自然通风、凉爽涂装等不同被动冷却技术，以解决这些建筑物在炎热气候下过热的问题

通过对文献的总结，在过去的几年里，欧洲、美国、日本等发达国家和地区的建筑工业化已经成为一个试验区，建筑设计和施工技术发展演变很快，技术的先进性使得预制装配系统能够满足几乎任何类型的建筑，预制技术的持续发展也拥有更多的可能性，为本书继续深化与探讨提供了方向。

1.4.2 PC 建筑的发展历程

1. 国外 PC 建筑发展历程

从表 1-6 可看出，国外 PC 建筑发展起步较早，第二次世界大战后，欧洲一些国家开始发展 PC 建筑，发展的动力来源主要是政府的税收优惠、经济补贴等激励措施。从国际形势来看，预制建筑经历了量、质、节能环保的发展过程，已经比较成熟，现阶段建筑产业化的发展更加重视节能降耗、减少对环境的污染。

国外 PC 建筑发展历程[37]　　　　　　　　　　　　　　　表 1-6

国家	产生原因	特点	实施主体	经济动力	可借鉴经验
美国	工业化、城市化进程	成熟的市场、经济背景	政府企业共同	抵押贷款、对消费者减免税收	追求完善的市场体系与较高的社会化与专业化程度
瑞典	第二次世界大战后住宅短缺	世界上建筑产业化最发达的国家	政府	政府性投资、补贴开发企业、对用户的优惠	新建住宅之中通用部件占到了 80%，达到了 50% 以上节能率
丹麦	第二次世界大战后住宅短缺	"住宅设计模数"法制化	政府	税收优惠政策	将模数法制化应用在装配式住宅
日本	第二次世界大战后住宅短缺	法案颁布带动产业化	政府	各种经济型补贴、减免政策、长期低息贷款	目标明确，有专门机构推进，设计风格丰富，产业链发育充分
德国	第二次世界大战后住宅短缺	科技含量高；广泛应用节能环保技术	政府	鼓励不同类型 PC 建筑技术体系研究；推进规模化应用	强调建筑的耐久性，但并不追求大规模工厂预制率

2. 国内 PC 建筑发展历程

我国预制 PC 建筑的应用始于 20 世纪 50 年代，一直到 20 世纪 80 年代，各种预制屋面梁、吊车梁、预制屋面板等得到了很多应用。但是，从现实情况来看，我国的 PC 建筑和一些发达国家相比较，建筑工业化的整体技术水平还是很低的，在很多方面都存在问题，例如：构件跨度小、承载能力低、整体性不好，延性较差等。进入 20 世纪 90 年代后，预制构件的应用尤其是在民用建筑中的应用处于低潮，主要是因为预制建筑本身的设计水平较低、构件制作不够精细、装配技术落后以及现浇混凝土的技术发展快速等。

近十年来，我国的经济发展十分迅速，劳动力成本也随之不断上涨，预制构件的加工精度与质量不断提高，预制 PC 建筑的开发建设开始恢复，并且发展越来越快。如今，一些项目如南通建工总承包有限公司、上海万科集团、海瑞安集团等的开发项目，大都采用了预制 PC 建筑，获得了业界好评和示范作用。

我国的预制 PC 建筑处于初级阶段，正不断学习发达国家先进的工业化。总的来说，目前我国住宅的装配化程度不仅低，而且即使是装配式住宅也没有完全实现施工的装配化。我国装配式住宅发展存在的不足，具体表现为：第一、目前的技术体系尚未成熟，技术标准也不完善；第二、产业链条不完善，人力资源缺乏，建设力度不够，导致企业参与住宅产业化发展的成本过高；第三、产业政策支持力度不够，将发展重心集中在设计、生产、运输、安装等环节，而对于 PC 建筑生态效益激励方面并无针对性的深入探讨，仅靠企业本身不足以促进整个产业的产业化。

1.4.3 碳排放测算内容的研究现状

通过对国内外学者的研究分析发现,针对不同功能单位,其碳排放测算的内容有显著不同。因此,本书从产品、家庭、企业及类似组织、城市和区域、产业、国家和地区等不同尺度对碳排放测算的研究进行综述。

1. 产品碳排放研究

通过对文献的整理分析还发现,产品碳排放,尤其是产品全生命周期内的碳排放是研究的主流。

在 ISO 的相关标准中,产品碳排放的研究内容包括:界定研究目的和范围,清单分析,全生命周期影响评价和解释[38]。

在界定研究目的和范围阶段,研究内容以界定研究的目的和范围(地理范围、时间范围以及技术范围)、研究的功能以及相关系统为主;在清单分析中,需要定量计算产品的生命周期中消耗的所有资源和向环境产生的排放,从开采资源,经过原材料、零部件以及产品本身的生产,到产品的使用、再利用、回收直到最终废弃;在全生命周期评价阶段,应使用特征化的模型来将产生这种影响的清单数据转换为最终的指标结果;解释阶段可以对评估结果进行总结和讨论并得出结论和推荐意见。

应用这种模式,Claisse 等人[39]、Castro-Lacouture[40]、赵春芝[41]、张肖[42]等分别对混凝土、钢材、浮法玻璃和铝塑板等材料的生产的碳排放测算方法进行了研究和应用操作;Kneifel[43]、Gustavsson 等人[44]、尚春静等人[45]、张智慧等人[46]、Chen等人[47]、李静等人[48]、Liu 等人[49]则选取了不同类型的建筑物,对其全生命周期内的碳排放情况进行了研究,但这些研究却鲜有选取 PC 建筑为对象;黄一如等人[50]、吴水根等人[51]虽选择了预制装配式混凝土建筑进行了碳排放测算,但他们只对物化施工阶段进行了研究,仍缺乏对 PC 建筑全生命周期碳排放情况的认识。本书选取 PC 建筑,对其全生命周期内碳排放进行测算,尝试弥补相关研究空白。

2. 企业及组织的碳排放研究

作为碳排放成本的可能承担者,企业十分关注它们的碳排放。企业碳排放测算过程中存在的一个突出的问题是产业链上企业的重复计算:如果一个企业在计算碳排放时包含了产业链上的所有碳排放,而产业链上的其他企业也如此计算,就会导致重复计算。这就要求企业只应该也只能够在某些特定的点上承担其产品产生的碳排放。因此,企业碳排放的评估是一种"从摇篮到大门",即企业到企业的评估,应构建产业链上下游企业分担碳排放责任的方法,以追求碳排放测算和相关责任分担、利益分配的科学、合理、准确性。新西兰恒天然(Fonterra)乳业及某红酒制造厂商委托三家独立研究机构对其碳排放进行测算[52]。在学术界,Huang 等人[53]、Berners-Lee 等人[54]也对企业碳排放进行了探讨。

3. 城市和区域碳排放研究

城市和地理或行政区域的碳排放正日益受到关注，研究内容也具有多样化的特征。Brownea 等人[55]计算了爱尔兰城市地区生活废弃物处理的碳排放。Brown 和 Southworth 等人[56]对美国 100 个城市地区的碳排放进行了测算，并分析了其空间分异规律。Sovacool 和 Brown[57]计算并比较了北京等 12 个大都市的碳排放，并提出了相应的城市规划政策建议。Larsen 和 Hertwich[58]采用扩展的环境投入产出模型（Environmentally Expanded Input-Output，EEIO），并结合生命周期清单数据，计算了挪威 429 个城市的碳排放，并比较了他们的影响因素。黄祖辉等人[59]对浙江省的农业碳排放进行了测算。

在碳排放测算时，城市和区域可以被看作是一个大的企业。但需要注意的是，城市和区域通常包括了森林、绿地等一定量的碳汇和碳储存库，而确定这些碳汇和碳库的边界往往成了争议问题。除此之外，一个城市通常不仅为城市居民提供产品和服务，而且还会向城市以外甚至国外的居民提供服务。这一特征也常常被政府用来解释城市的碳排放明显高于国内平均碳排放的现象。

4. 产业的碳排放研究

关于国内外的碳排放测算的研究内容，早期的研究主要集中于工业，然后扩展到农业、交通运输业等领域，目前则呈多样化发展。

国际能源机构（International Energy Agency，IEA）[60]研究表明，产生碳排放的产业主要有能源产业、制造业及建筑业、交通运输业和其他行业（包括农业、居民部门和商业等），其中非经济合作与发展组织（OECD）国家的制造业及建筑业所占的比重非常高，是碳排放的主要来源，而 OECD 国家的交通运输业和居民部门的碳排放比重相对较大。

由于企业规模、资本结构和生产方式等方面的差异，不同行业在碳排放方面存在一定差异。对不同行业碳排放进行探讨研究，能够突出重点和把握发展趋势，有利于选定切实可行的研究对象。国内外关于产业的碳排放研究如表 1-7 所示。

国内外关于产业的碳排放研究 　　　　　　　　　　　　　　　　表 1-7

学者	文献	研究内容	结论
工业			
工业是最主要的耗能行业之一，工业碳排放强度是第三产业的 2.5～5 倍[61]，所以大多数学者把工业作为碳排放的重点研究对象			
Diakoulaki 等人[62]	Decomposition analysis for assessing the progress in decoupling industrial growth from CO_2 emissions in the EU manufacturing sector	14 个欧盟国家工业行业 CO_2 排放量的变化情况	大多数国家在减排方面已做出很大努力，但是减排贡献较小

学者	文献	研究内容	结论
陈红敏[63]	包含工业生产过程碳排放的产业部门隐含碳研究	中国产业部门隐含碳排放	建筑业是隐含碳排放最高的行业
Chang 等人[64]	Grey relation analysis of carbon dioxide emissions from industrial production and energy uses in Taiwan	中国台湾各产业的碳排放	建筑业是"三高"(能源强度高、碳强度高、碳排放系数高)行业

农业
农业碳排放主要包括农业活动产生的直接碳排放和农业投入导致的间接碳排放,但农作物在成长过程中又会吸收大量的碳,因此农业碳排放和碳吸收的数量关系成为研究的重点

学者	文献	研究内容	结论
Cole 等人[65]	Agricultural sources and sinks of carbon	农业碳排放途径	农业碳排放的途径主要有反刍性畜肠道发酵、农田土壤、化肥、耕作和秸秆焚烧
Bouwman[66]	Soils and the greenhouse effect	土壤和温室效应之间的关系	大气中 90% 的 N_2O、70% 的 CH_4 和 20% 的 CO_2 来源于农业活动及其相关投入
许文强等人[67],Jiao 等人[68]	土壤碳循环研究进展及干旱区土壤碳循环研究展望 Changes in soil carbon stocks and related soil properties along a 50-year grassland-to-cropland conversion chronosequence in an agro-pastoral ecotone of Inner Mongolia,China	土壤尤其是干旱区土壤在碳循环中的作用	世界干旱土壤中大量的土壤无机碳,对缓解大气 CO_2 浓度升高具有重要作用
Jorgenson[69]	Does foreign investment harm the air we breathe and the water we drink?	35 个发展中国家的产业数据	农业的发展对碳排放有显著的正影响
赵荣钦等人[70]	中国沿海地区农田生态系统部分碳源/汇时空差异	中国东部沿海地区的农田碳排放	总碳吸收、排放呈波动增加、呈明显增长趋势,且碳排放增长速度高于碳吸收增长速度,在一定程度上增加了碳排放总量

交通运输
随着城市化和经济社会发展,交通需求迅速增加,交通运输业的能耗和碳排放增长迅速,越来越成为学者关注的重点

学者	文献	研究内容	结论
国家发改委能源所课题组[71],张陶新等人[72]	中国 2050 年低碳发展之路——能源需求暨碳排放情景分析 中国城市低碳交通建设的现状与途径分析	中国交通运输业能耗	中国交通运输业能耗年增长率为 10.8%,是能耗增速最快的行业之一
姜照华等人[73]	低碳交通运输体系的构建与发展对策	中国与美国公路及铁路的能耗强度对比分析	2008 年中国铁路的能耗强度是美国铁路的 1.267 倍,公路能耗强度是美国的 1.393 倍

5. 国家、地区和经济体的碳排放研究

由于国家、地区或经济体往往是国际气候谈判中的基本单位，因此关于国家碳排放的研究成为各国政府最为重视的领域。随着全球化和经济视角日益开放，对国家、地区或经济体碳排放的影响的评估也是当前国家、地区和经济体碳排放研究中的热点。

Hertwich 和 Peters[74] 对全球化和国际贸易背景下的国家碳排放进行了分析。Kenny 和 Gray[75] 用六种模型对爱尔兰的碳排放进行计算，并对各种模型的精度进行了比较。Schulz[76] 探讨了小型开放性经济体的直接碳排放和间接碳排放的估算问题，并以新加坡为例进行了实证研究。以上研究发现，对于富国来说，其所产生的碳排放不仅为在其国土面积之内发生的碳排放，且来源于与其发生经济贸易关系的穷国。Herrmann 和 Hauschild[77] 介绍了发达国家及新兴工业国家之间双边贸易，在对其碳排放分析的基础上指出工业生产从发达国家向新兴工业化国家的转移是一个双赢的现象。在此基础上，Morgan-Hughes 等人[78] 又进一步解释了这种现象并对其驱动力进行了分析。

通过对国内外碳排放内容的研究分析可发现，针对产品碳排放研究目前仍为研究的主流。而在产品碳排放研究内容之中，学者们大多应用产品全生命周期理论为研究基础进行评价，且绝大部分研究都以针对清单要素的分析作为其研究脉络。

1.4.4 碳排放测算方法研究现状

为了探求建立标准化的碳排放量计算方法，2009 年英国 BRE 及美国 LEED 共同签订了寻求统一碳排放量计算的备忘录。2008 年香港机电工程署与环境保护署制定了《香港建筑物商业、住宅或公共用途的温室气体排放及减除的核算和报告指引》。刘少瑜等人[79] 选取了香港建筑物碳审计指引为研究对象，对建筑温室气体排放及减排的审计与报告等进行了介绍和分析。

在学术界，学者们也在不断追求碳排放的统一化和标准化。Arena 等人[80] 通过研究发现在欧洲的能源消耗及温室气体排放方面，建筑部门占比达到四成，且住宅在其中占比超过 2/3。Contreras 等设计了对建筑生命周期不同阶段的能耗计算公式，并应用其进行了案例分析，得出了建筑使用阶段所占能耗最大的结论[81]。Suzuki 以投入产出法为基础，构建日本产业平衡表对住宅全生命周期能耗及碳排放进行了测算[82]。

Yan Hui 等人[83] 则以温室气体为研究脉络，根据温室气体排放将建筑分为四个阶段，相应设计了各阶段的温室气体的测算模型。陈莹和朱嬿[84-85] 以生命周期理论为基础，分析了以 CO_2、SO_2、CO 等为代表的环境影响物，并以此构建了环境排放理论计算模型，通过案例分析得出了住宅单位面积能耗及各种环境排放物的排放量。

尚春静等人[86] 以建筑全生命周期为核算范围，通过建立生命周期碳排放的核算模型，对不同建筑的全生命周期阶段温室气体排放情况进行了量化分析。同样，乔永峰[87]也建立了相应的全生命周期模型，选取了传统住宅对其能耗和碳排放进行了测算。刘博宇[88]则将视角聚焦在上海地区，设计了针对住宅的碳排放计算方法和对应的节能减排效果，并根据针对研究对象的实证分析提出了相应的节能减排方法分析。何建坤等人[89]对 2020 年左右我国减缓排放的效果及限排的成本进行了预估和评价，在此基础上，对我国节能减排潜力进行了评估，并对节能减排成本等问题提出了自己的见解。但目前，碳排放测算方法的相关研究更多的是从定性的角度去约束和激励建筑行为，定量研究的内容偏少，最关键的是目前并没有一个完整的、标准的针对建筑的评价体系。

根据针对 PC 建筑、碳排放测算内容和碳排放测算方法三个方面的国内外研究分析可以发现，目前 PC 建筑的研究，尤其是针对其生态效益方面的研究正逐步成为热点。但目前，相关文献对 PC 建筑生态效益的研究仍停留在定性分析或不完整的定量分析层面上，针对其生态效益的全面的、定量的研究较少。因碳排放是衡量活动对环境影响的标准，因此对碳排放的测算是量化分析生态效益的核心内容，针对 PC 建筑建立碳排放测算分析体系具有重要的学术价值和实践意义。

1.4.5 PC 建筑激励研究现状

政府的激励措施对于 PC 建筑的发展起到不可替代的作用，科学、全面、客观的研究 PC 建筑的激励，分析影响我国 PC 建筑激励的因素、建立一套完整的 PC 建筑激励体系，制定长期的激励战略，这对促进 PC 建筑在我国的发展意义重大。

1. 各地激励政策的现状

通过整理国外 PC 建筑发展历程及研究现状可知，国外 PC 建筑发展的经济动力主要来源于政府，政府通过对开发企业与消费者进行税收优惠与提高低息贷款等政策激励 PC 建筑的发展。日本的住宅产业绝大部分的载体是大企业集团，对科研研发的投入资金量多，同时对消费者的需求关注较多。研究德国等欧洲国家 PC 建筑发展历史可以发现，德国出现的预制混凝土大板（PC）建造技术和广泛使用，主要是为解决战后时期城市住宅大量缺乏的社会矛盾，在 PC 建筑发展到一定阶段后，国外更加注重节能环保以及产品设计的多样性，而不是盲目追求建筑的高装配率。国内很多省市也出台了众多激励 PC 建筑发展的措施，对开发商或构件生产企业进行土地费用、税金减免等激励性质的激励措施[90]。而这些激励措施也旨在推动现代建筑产业的快速发展，具体政策如表 1-8 所示。

在推广 PC 建筑发展的过程中，我国的多个省市制定了一系列政策，主要从政府主导的保障性住房建设项目以及公益性公共建筑项目开始实施。通过分析各省市对于 PC 建筑的激励政策，我们可以看出，政府的激励政策主要分为现金补贴、容积率奖励、优先安排用地指标、建筑面积奖励、退还墙改基金、安排科研经费、减少缴纳企业所得税等。所采取的激励政策大多数是针对开发商的，而对于构件生产厂、消费者和其他辅助单位的补贴较少涉及。而且，和 PC 建筑的增量成本相比，这些奖励和补贴还是远远不够的。

各省市推动 PC 建筑发展的政策   表 1-8

省市	激励政策	具体内容
上海	装配式保障房推行总承包招标	总建筑面积 3 万 m² 以上，预制住房工程预制比例为 45％以上，补助 1000 元/m²，预制建筑工程自愿性实施的配式建筑的项目给予不超过 3％的容积率奖励
浙江	立法保障建筑工业化	《浙江省绿色建筑条例》《浙江省深化新型推进建筑工业化促进绿色建筑发展实施意见》《浙江省建筑业现代化"十三五"发展规划》《"1010 工程"示范基地》
江苏	制定采用 PC 建筑招标规范	列入《沈阳市建筑产业优质诚信企业名录》的企业可以在装配式房屋建筑项目招投标中予以优先考虑
河北	推动农村装配式住宅	预制装配率达到 30％的优先保障用地；在规划和批准过程中，外墙的预制部分可不被计入到建筑面积内
重庆	大量应用钢结构	到 2018 年，政府将实现超过 50％的新建公共和公共福利建筑
安徽	提出千亿元产值的产业发展目标	重点围绕建筑行业上下游产业链继续增加投资，积极引进国内建筑行业龙头企业，支持相关部分组成项目的引入
辽宁	政府工程均采取预制混凝土或钢结构	投入基础设施建设，全面采用产业化方法；行政区域内房地产开发项目预制装配率为 30％以上；支持企业在经济区内开展项目、推广技术咨询服务，不断扩大产业化项目建设的应用范围
湖北	分阶段推进	试点示范期，项目预制率不低于 20％；推广发展期，项目装配率达到 30％以上；普及推广阶段，项目预制率达到 40％以上
海南	成品住房供应比例达到 25％	海南省要创建 1～2 家国家建筑产业现代化基地。全省新建住宅项目成品住宅供应比例应达到 25％以上
广东	PC 建筑将达到 30％	市建筑节能发展资金重点扶持 PC 建筑和 BIM 应用，对已经认定符合条件的给予资助，单项资助额最多不超过 200 万元
四川	PC 建筑要超过一半	优先安排用地指标，安排科研经费，减少缴纳企业所得税，容积率奖励
湖南	装配式钢结构系列标准出台	新颁布的地方标准，使得建筑工业化生产可以大范围应用实施
福建	资金补贴	节能产业，使用新材料、新技术，明确可申请专项资金补贴，在项目建设期间规定，主要生产设备或技术采购投资不超过 5％给予补助，最高限额为 100 万元
甘肃	全力推进建筑钢结构发展应用	甘肃建设厅印发了《关于推进建筑钢结构发展与应用的指导意见》，多举措推广钢结构的发展与应用

续表

省市	激励政策	具体内容
山东	大力推广 PC 建筑	以建设单位作为市场主体，形成一个完整的产业链，促进相关产业的发展
陕西	加快推进钢结构生产与应用	钢结构和装配建筑的大力发展是实现钢铁企业转型升级的重要途径
北京	推进装配式装修	全方位实施装修成品交房，经适房和限价房按照公租房装修标准统一实施装配式装修

　　通过研读各省市推进 PC 建筑的政策法规可知，PC 建筑是一个复杂的系统，即使确定了激励标准，由于财政体制的限制，资金的筹集、调配、运作和统一管理也将在很大程度上受到影响[91]，虽然政府已经采取了一系列的政策法规促进其发展，但是整个推进策略较为零散、收效甚微。所以本书在分析 PC 建筑激励机理的基础上，进一步构建沈阳市 PC 建筑的激励机制与方案设计。

2. 激励机制研究现状

　　从知网查阅到的有关激励价值的文献参见表 1-9。

激励机制研究文献　　　　　　　　　　　　　　　　　表 1-9

论文题目	作者	年份	主要研究内容
产业化"低碳住宅"成本激励与收益分享机制研究	宋天平[92]	2014	以政府部门、社会公众和开发企业三方为对象构建了成本激励与收益分享机制模型
建立我国生态激励机制的思路与措施	欧阳志云[93]	2013	从确定生态激励地域范围、明确激励载体与对象、建立生态激励经济标准核算方法等方面探讨建立生态激励机制的措施与对策
生态激励投融资市场化机制研究综述	潘华[94]	2016	对生态激励投融资市场化机制方面的研究成果进行了评述，指出目前学术界相关研究的不足及需进一步研究的方向领域
PPP 项目需求量下降情形下政府事后激励机制研究	高颖[95]	2014	为政府建立有效的事后激励机制、科学确定激励范围提供理论支持
基于外部效益分析的农田生态补偿标准研究	钱全[96]	2016	以经济外部性理论为基础，结合经验模型以福建省莆田市为例核算生态激励标准
建筑废弃物管理成本激励模型研究	刘景矿[97]	2013	根据系统动力学原理，利用系统动力学软件建立基于统动力成本效益分析模型的建筑垃圾管理激励模型，模拟建筑垃圾滚利补贴政策的合理成本
推进沈阳市 PC 建筑发展的原则与建议	付欣[4]	2015	认为可通过为开发商提供环保补贴、低息贷款等政策使 PC 建筑的建安成本低于传统的现浇建筑
装配式建筑综合效益分析方法研究	齐宝库等[98]	2016	分别从经济效益、社会效益以及生态效益角度对 PC 建筑所带来的效益进行核算

通过阅读、整理激励机制方面相关文献可知，目前激励机制多是针对退耕还林、矿产资源、流域生态、建筑废弃物、绿色建筑等方面，仔细分析可知这些领域与 PC 建筑存在共性，即都存在经济外部性，在依靠自身调节发展动力不足的情况下，政府需对其施加外力。虽然对于 PC 建筑激励还没有成体系的研究，但是可借鉴现有较为成熟的其他领域的激励机制，并结合沈阳市建筑业发展现状，统筹分析影响 PC 建筑效益的诸多因素并进行制度化设计，进而推动 PC 建筑的快速发展。

1.4.6 系统动力学研究现状

由于系统动力学拥有分析复杂问题的功能，在国民经济的各种领域中被广泛应用，如农业、医学、资源开发、企业的管理和经营、城市发展等众多领域。梳理系统动力学相关文献可知，学者多用其解决复杂的系统问题，通过建立系统动力学模型，模拟所研究问题在不同的假设条件下系统的行为变化，以此为依据做出决策。这些文献的建模思路和解决问题的思路对本书研究具有借鉴意义，主要文献如表 1-10 所示。

系统动力学研究文献 表 1-10

论文题目	作者	年份	主要研究内容
电子废弃物回收企业经济激励机制的系统动力学研究	孙明波[99]	2012	利用系统动力方法分析电子废弃物回收经济激励机制，并对相关改革政策进行探讨
基于系统动力学的矿产资源激励体系构成研究	杨姝[100]	2012	运用系统动力学方法构建了具有动力性、系统性的矿产资源开发激励体系
基于系统动力学的建筑安全事故管理研究	田菲菲[101]	2014	建立了建筑施工安全产生—管理—绩效评价体系，是系统动力学方法的一种实践
基于系统动力学的建筑废弃物管理成本-效益分析——以广州市为例	刘景矿[102]	2014	构建了建筑废弃物管理成本收益分析模型，使经济补贴与罚款正反两种经济措施对承包商与社会的成本收益影响得到生动模拟
基于系统动力学的佳木斯市水资源优化配置仿真模拟	董鹤[103]	2014	通过使用系统动力学的方法，分析水资源系统结构、系统内部各变量因果关系，建立了佳木斯市水资源可持续利用的模拟模型
供应链环境下库存控制的系统动力学仿真研究	张力菠[104]	2006	分析论证系统动力学方法应用于现代供应链管理问题的可行性
基于系统动力学的大城市交通结构演变机理及实证研究	刘爽[105]	2009	建立了公共交通和个体交通结构演变的系统动力学模型，探讨交通资源优化配置的理想目标
基于系统动力学和神经网络模型的区域可持续发展的仿真研究	胡大伟[106]	2006	运用系统动力学模型对建湖县区域可持续发展系统进行研究，对不同发展模式下的发展动力进行模拟，从而得出最佳发展道路

1.4.7 文献评析与研究趋势

总体而言，我国生态环境问题日益严重，国内外学者对于高能耗、高污染的建筑业的转型做了大量研究，由于研究范围和投入力量的限制，各类研究通常以具体问题为导向，应用范围有限。在内容上，针对 PC 建筑的研究较多地侧重于建造特点、建造技术、成本瓶颈层面的研究，对 PC 建筑激励方面的研究几乎很少涉猎，尤其是国内此方面的研究几乎处于空白，即使个别论文有所涉猎，也只是作为政策建议部分简单介绍，截至目前关于 PC 建筑激励还没有成体系的研究（表 1-11）。因此本书意义重大，有利于弥补 PC 建筑激励方面学术研究的空白，完善国内 PC 建筑激励的理论研究体系。

文献梳理归纳 表 1-11

	国外研究（发达国家）	国内研究
政策方面	立法层次分明，体系完备	现在政策、法律法规不健全，缺乏宏观激励性或强制性的法制保障
管理方面	具有职责明确而有力的管理机构、中介组织、先进的 PC 建筑技术，以及形成了以经济效益为中心，规范化的 PC 建筑发展模式	粗放式管理体制，政府或建筑商对 PC 建筑认识不足，管理不善
方法定性	涉及的研究内容较为广泛，定性方面的研究为政府制定政策提供强有力的理论支撑	有学者对于 PC 建筑激励方面进行过粗浅的定性研究，但是研究较为零散，不成体系
成功	研究较为全面，能很好地指导实践，装配率较高	结合国外经验，结合循环经济理论、可持续发展理论、全寿命周期理论以及博弈论等理论做了大量研究
不足	对于激励标准的合理性还需要进一步深入论证研究	PC 建筑激励方面研究不足，各省市制定激励政策时缺乏理论据

总结来看，我国 PC 建筑的发展与国外发达国家还存在差距。当前研究大都集中于成本、环保效益、技术等方面对 PC 建筑展开研究，缺乏对 PC 建筑激励体系的研究。由此，对 PC 建筑激励的研究具有一定的理论意义与应用价值。通过构建 PC 建筑激励系统动力学模型，分析 PC 建筑激励影响因素之间的相互作用关系，提出 PC 建筑激励的对策建议。

1.5 研究内容和研究方法

1.5.1 研究内容

本书首先从国内外文献综述入手，分析了国内外相关的研究进展和研究趋势。在此基础上阐述了 PC 建筑、生态效益、碳排放及其测算、激励机制等相关核心概念，结合碳排放的概念、碳排放管理及交易的角度对生态效益测算的理论基础进行了分析，进一步比选了碳排放测算方法；介绍了与 PC 建筑激励相关的理论，包括外部性理论、激励理论和可持续发展理论，接着介绍了系统动力学理论，包括系统动力学的概念、特点及其仿真工具 VENSIM，着重介绍了系统动力学建模的步骤。该部分为本书的基础理论部分。

其次，应用理论分析与逻辑推理相结合的研究方法，创新性地构建了全过程、全要素、全视角的 PC 建筑碳排放测算概念模型，并从规划设计、构件生产运输、安装施工、使用及维护阶段和拆除及回收这五个 PC 建筑全生命周期过程，借鉴工程造价中的人工、材料、机械的要素分析思路，辅以 PC 建筑产业链上各方的视角，即开发商、设计单位、构件生产厂商、建设方、消费者、物业管理单位等不同视角，分析 PC 建筑的碳排放内容。在经过对建筑碳排放测算方法适应性分析的基础上，针对 PC 建筑的全过程、全要素、全视角应用数学模型法，根据规划设计阶段、构件生产运输阶段、安装施工阶段、使用及维护阶段、拆除及回收阶段这五个阶段的特点，分别建立了碳排放测算数学模型，并确定了相关建筑材料和能源资源的数据清单等。

再次，从政府政策、利益、竞争三个层面分析了 PC 建筑发展动力不足的原因，深层次挖掘了制约 PC 建筑发展的内因与外因，论证了 PC 建筑激励的必要性，在此基础之上，识别梳理得到 PC 建筑激励的主要影响因子，绘制了因果关系图，并对其进行了因果树分析和因果反馈回路分析，明晰了影响因子之间的相互作用机理。运用系统动力学理论，结合 VENSIM－PLE 软件，将系统动力学的建模方法运用到 PC 建筑激励系统中，建立了 PC 建筑激励系统动力学模型。

最后以沈阳市为例，运用系统动力学仿真软件对模型进行了敏感性分析，得出了 PC 建筑激励的关键影响因素有科研基金投入、运营阶段消费者单位面积补贴、生产阶段单位构件补贴，而其他因素的变动对于激励系统的影响较小。最后进行了政策仿真实验，分析在不同的政策变化下装配式项目的效益变化情况，依据沈阳市 PC 建筑发展现状和模拟结果设计了科学合理的激励方案，为沈阳市 PC 建筑的激励提出了合理化的意见和建议。

1.5.2 研究方法

依据研究的科学性与严谨性原理，结合本次研究问题的研究理论和研究模式，本书选择运用文献研究法、对比研究法、定性与定量相结合、理论分析与逻辑推理相结合的方法来对相关问题进行探索和研究。

1. 文献分析法

本书按照文献分析的方法，对现有研究的相关资料进行了综合性的梳理，具体包括经济激励理论、经济外部性理论、碳排放测算、PC 建筑激励相关政策法规、文献资料等，以这些理论和资料为基础，总结出了对我国 PC 建筑经济激励机制有一定指导和帮助的体系；此外，在考虑我国 PC 建筑激励工作的实际情况，对相关资料进行对比研究和二次整理，目的在于为构建我国 PC 建筑激励机制提供理论基础和实践上的切入点。

2. 对比研究法

本书采取对比研究的方法，一方面，则对环境保护、煤炭安全、退耕还林等其他具有经济外部性特征的公共物品成功内部化的经验进行科学分析，将其与我国 PC 建筑的经济激励实践进行对比性分析，借鉴其成功经验完善 PC 建筑的激励。另一方面，通过对比分析 PC 建筑在有无激励政策下效益的变化情况，确定激励关键影响因素，设计符合沈阳市发展状况的 PC 建筑激励方案。

3. 定性研究与定量研究相结合的方法

本书通过定性的方法对影响 PC 建筑激励的因素进行识别，运用系统动力学的方法，对已列出的影响因素进行分析，量化指标间的关系，在此基础上对不同激励方案进行数学模拟分析，根据分析结果得出适合我国国情的激励方案。

4. 理论分析与逻辑推理相结合的方法

基于文献检索和相关理论，如系统论、低碳经济理论、可持续发展理论、外部性理论、规制经济学、制度经济学、产权经济学、生命周期理论、技术经济理论等，结合 PC 建筑相关特征，经过理论分析与逻辑推理，构建 PC 建筑碳排放测算概念模型，以此进一步进行 PC 建筑碳排放的内容分析和测算工作。

1.6 研究技术路线与创新点

1.6.1 研究技术路线

在研究假设下，本书可以拆解成两个核心问题：激励多少（碳排放测算）和如何激励（激励机理分析与激励方案设计），两部分研究的技术路线如图 1-3 和图 1-4 所示。

1.6.2 创新点

本书的创新点共有四个：

（1）构建了全过程、全要素、全视角三维装配式混凝土建筑的生态效益核算体系。

将 PC 混凝土建筑的全生命周期分为规划设计、构件生产运输、安装施工、使用及维护阶段和拆除及回收这五个阶段，以人工、材料、机械各要素分析为脉络，分别

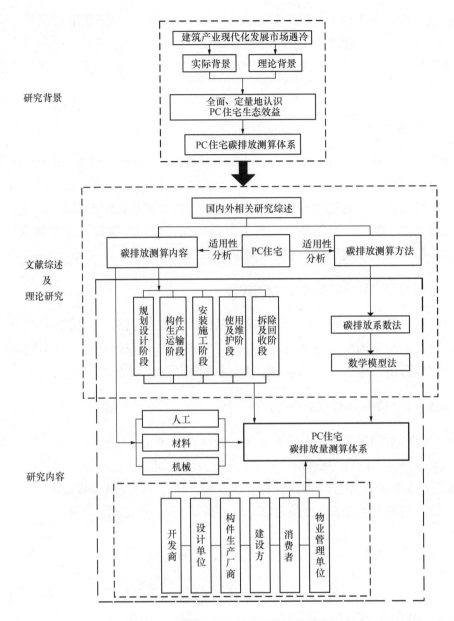

图 1-3 碳排放测算的研究技术路线图

针对如设计单位、构件生产厂商、建设方、材料、设备供应商、消费者、物业管理单位、开发商等不同视角 PC 建筑产业链上各方，测算分析其碳排放情况。并在此基础上，归结至不同参与方的视角范围对其碳排放情况进行追踪分析，为之后 PC 建筑生态效益激励机制的建立提供研究基础。

（2）构建了基于全寿命周期以及碳足迹法的装配式混凝土建筑生态效益核算体系。

应用碳足迹法与清单模型相结合，结合现代装配式混凝土建筑的特性，建立基于全寿命周期以及碳足迹法的建筑产业生态效益核算体系，该核算体系考虑建筑产品寿命历程的所有环节（包括的设计阶段、生产与施工阶段、试用阶段以及拆除与报废阶

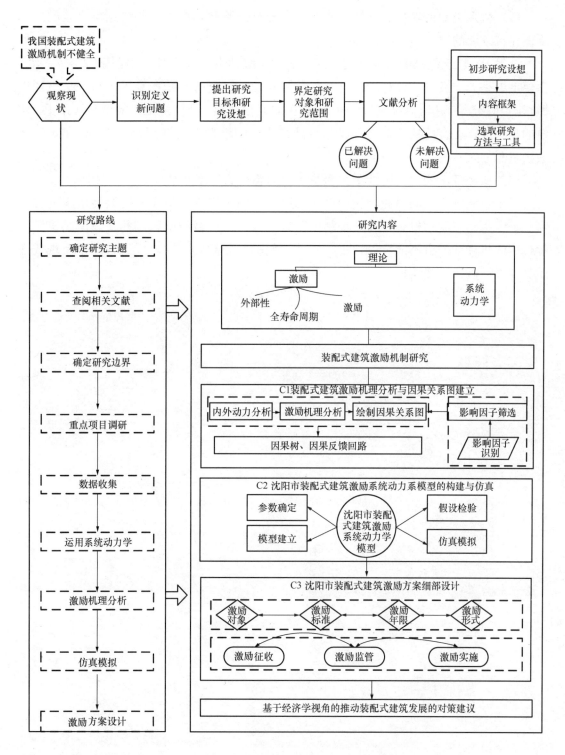

图 1-4 激励机制研究的技术路线图

段），以对全寿命周期过程中的生态效益进行更加客观的核算。

（3）从系统动力学视角分析了装配式混凝土建筑激励机理，并制定推进装配式混凝土建筑发展的政策与保障措施。

针对 PC 建筑激励的研究相对贫乏，运用系统动力学理论对 PC 建筑工程建立动力学模型更是少之又少。针对以往研究存在的问题，研究试图站在全局的角度从整体把握影响 PC 建筑工程的激励因素，根据相关因素构建出了 SD 模型，最后对沈阳 PC 建筑的案例进行综合性的分析，并以此对已经建立的模型进行修正，指导 PC 建筑工程激励机制的实施。

（4）从经济学的视角设计了一套系统的动态化的生态激励方案。

对生态激励机制的研究，我们更多引用和使用了规制经济学和管制经济学的方法和观点，将生态激励机制视为一种制度安排。借助于价格激励机制和实体激励机制发挥作用的机理和渠道不同，设计了一套动态化的生态激励方案，以完善沈阳市现代建筑产业发展阶段的政策措施。

第 2 章 研 究 理 论 基 础

2.1 装配式混凝土建筑生态效益及碳排放

2.1.1 装配式混凝土建筑的概念与特征

1. 装配式混凝土建筑的概念

装配式混凝土建筑（Prefabricated Concrete Buildings，简称 PC 建筑）是将工厂化生产的混凝土预制构件在施工现场装配而成的建筑，该类型建筑的预制混凝土构件主要通过连接部位的后浇混凝土、浆锚或叠合方式，组成具有可靠传力和承载要求的装配整体式混凝土结构。PC 建筑是建筑产业从传统粗放型生产向集约型生产的根本转变，是建筑业转型升级的必然方向。

PC 建筑是将各类通用预制构件经专有连接技术提升为工厂化生产，它采用标准化设计、工厂化生产构件、机械化施工装配、科学化组织管理的建造模式，建造速度快，建筑质量高，可节约劳动力，受气候条件影响小，并且节水、节材、节电、节地，能够促进生产方式的[107-108]。该类型建筑的施工重点与难点在于不同预制混凝土构件之间的连接，在现有的技术条件下主要通过后浇混凝土、浆锚或叠合的方式将各构件连接在一起，组成可以抵抗各种受力的整体性装配式混凝土结构。其建造过程充分体现了现代建筑产业化特征[15]。PC 建筑是响应国家节能环保的有关政策，实现建筑产业化的有效途径，处在产业链中的政府、开发商、构件厂、施工单位、消费者等利益相关者对 PC 建筑的产业化推进影响巨大。

PC 建筑提升了产业层次，推动了产业升级。不同于传统建筑的生产模式，在 PC 建筑全寿命周期中，体现了绿色环保的发展理念。它运用新的技术手段，使用环保材料，改变了传统建筑的生产过程，转变了人们的传统观念，充分落实有关环保政策的具体实践，符合党中央提出建筑业绿色化的要求[2]。

2. PC 建筑与现代建筑产业

PC 建筑并不等同于现代建筑产业，它是现代建筑产业的一部分，也是现代建筑产业发展的主要部分，其在资源节约、环境保护等方面起到了重要作用。目前 PC 建

图 2-1 PC 建筑研究边界确定

筑的发展缺少完整的工业化体系，市场集中在 PC 建筑构件设计标准化、生产构件预制化和装配整体施工化等方面的研究和建设，因此本书构建的 PC 建筑激励系统，是紧密结合 PC 建筑的特点研究其在生态效益、经济效益、社会效益等内容。现代建筑产业和装配整体式建筑的关系如图 2-1 所示。

3. PC 建筑的特点

PC 建筑的生产采用工业化流水生产，将建筑物的各构件运用后浇混凝土、浆锚或叠合方式连接在一起，组成具有可靠传力和承载要求的结构。PC 建筑的优点主要体现在：提高了施工效率，减少了施工时间，提高了建筑物在不同季节施工作业能力，并且减少了能源的使用，对实现节能减排具有重要的积极意义。不仅如此，在建筑物建成后，可以减少维护的费用，增加建筑物使用寿命和增加建筑物抵抗地震的能力。住房城乡建设部等部门出台相关文件大力支持 PC 建筑的发展，如《建筑业、勘察设计咨询业技术发展纲要》《关于加快推进现代建筑产业发展若干政策措施的通知》《沈阳市现代建筑产业发展规划》等。

与此同时，PC 建筑的发展将促进建筑领域生产方式的巨大变革。在这样一个大的形势下，我国作为发展中国家，建筑业正处在一系列加快发展的大好机遇期，降低能耗、抗震减灾、保护生态与环境，提高人们工作与生活质量是当前最热门的话题，使用新材料、应用新工艺；提高工程质量、提高工效；减少污染和浪费、减少现场作业，实现文明施工是当前技术进步的重要标志；加强关键技术创新和系统体系集成，实现房屋建筑的产业化、多样化、工业化，将是 21 世纪建筑业的发展趋势。和传统使用现浇生产方式相比，PC 建筑具备以下特点：

（1）可以使建造过程中的资源利用更节约、更合理。国外有关研究认为，材料的加工损耗、订货的过剩、运输过程的损耗、装配过程的损耗、工程质量问题、设计变更是造成工程额外浪费的六个主要原因，而构件预制是减少额外损耗最有效的途径之一。与传统现浇方式相比，钢筋、木材、砌块、用水量会大幅的减少和节约。由于 PC 建筑工程涉及较多的构件（部品）吊装，虽然施工耗电量不会出现显著的降低，但也有一定程度的减少。

（2）提高了构件（部品）精度，减少了渗漏、开裂等质量通病，使建筑物的性能质量更加优化。为确保后期施工过程中构件的快速安装对位，装配式施工方法对于构件精度提出了更高的要求，而精度提高对于防止房屋的渗漏问题起到了重要作用。此外，良好的室内养护条件减少了以往较为常见的墙体裂缝等质量通病，使住宅的性能得以优化。以外门窗为例，由于外墙门窗洞口工厂化预制，其误差精度可控制在 2mm

以内，门窗的气密性、水密性更好，质量更优。万科已竣工的装配式住宅上海万科新里程项目创造了使用 3 年门窗零渗漏投诉的纪录。可见，PC 建筑在提高性能的同时也提高了建筑的"绿色指数"。

（3）PC 建筑的综合效益明显，有利于推动建设产业结构升级。通过建筑构件（部品）的工厂化预制，可以形成构件生产上下游的产业链，可以将建筑工地上的"农民工"转变为工厂内的"产业工人"，通过生产关系的转变提高效率，促进"绿色发展"。PC 建筑可以缩短施工工期、提高劳动生产率，部品部（构）件的工厂化预制，又可以从一定程度上带动构件生产上下游的产业链发展，因此其综合社会效益较为显著。

2.1.2　装配式混凝土建筑的生态效益

1. 节能要素分析

PC 建筑的围护结构采用"三明治"外墙保温设计，这种结构设计能够延缓保温材料保温性能的衰减，使建筑在使用过程中的保温效果得到延长，能够有效降低建筑整体能耗，对建筑的节能起到一定的控制效果。PC 建筑的保温效果较好，有效保温年限较长，保温材料衰减速度较慢，其单位平均面积热指标与保温性能衰减较快的传统建筑相比最大可减少 27.7% 左右，全年最大热负荷比标准普通建筑减少 2.2%，全年累计消耗能量负荷总量较传统建筑小很多，节能率可以达到 20% 左右，特别是在北方冬季采暖季节，PC 建筑的节能效果尤为显著[109]。

2. 节材要素分析

研究发现，与传统建筑施工方式相比，PC 建筑在预制构件生产和安装时，从钢筋绑扎、模板拆组、预埋件制作、保温材料尺寸切割，到混凝土集中浇筑、抹平、压光、养护，到安装时的吊装、灌浆、锚固等施工工序，建筑产品生产的精细化、标准化优势尽显。规范的施工工艺、专业的操作技术不仅能够提高工人劳动效率，提高生产，同时还能有效控制建筑材料的实物消耗量，降低材料的损耗率，避免生产、安装过程中材料的浪费，减少不必要的资源损耗，提高钢材、混凝土、木材、砂浆、保温材料等材料的节约利用。

3. 节水要素分析

在整个城市用水结构中，建筑业用水占城市总用水的比例很大。根据有关数据统计，沈阳市 2010—2012 年建筑工程用水占城市总用水量的 47%，其中建造和使用过程用水量约占整体的 39%。在建筑工程建造施工过程中，施工用水约占整个工程水资源消耗的 70%，施工现场生活用水占 20% 左右，其他用水如清洗、绿化等约占 10%。

（1）施工用水。PC 建筑在现场施工节水方面较传统现浇式施工具有明显优势，工厂生产预制构件进行集中用水、统一管理能够有效控制水资源的利用，避免浪费，同时由于采用预制混凝土构件，减少了现场混凝土湿作业的工程量，降低了构件养护用水，减少传统施工方式下的一些用水环节（如冲洗混凝土泵、混凝土搅拌车等），节约了大量的施工用水。

（2）生活用水。建筑施工人员的生活用水也是建筑生产建造过程中耗水的主要环节之一。传统的建筑生产方式下需要大量驻场施工人员，因此，施工人数的增多对施工现场食堂、浴室、厕所等公共设施用水的需求大幅提升，造成建筑施工总用水量的增加。而PC建筑采用机械化组装预制混凝土构件的形式进行建造，可以减少大量工地现场的施工人员，从而减少施工生活用水，同时，由于施工人员减少，也减少了相应的生活用水浪费现象，节约了生活用水。

4. 节地效益分析

随着我国城市化的迅速推进，城市人口随之剧增，土地资源日益匮乏。PC建筑可以最大程度上提高土地的利用效率：

（1）PC建筑良好的抗震性和耐久性使其得以追求更高层数。《城市居住区规划设计规范》中第3.0.3条对关于"人均居住区用地控制指标"的说明指出，以沈阳市为例，多层居住小区人均用地为 $20\sim28m^2/$ 人，中高层人均用地为 $17\sim24m^2/$ 人，两者差距为 $4m^2/$ 人。因此，合理投产和使用PC高层建筑，将至少节约 16.67% 的建筑物对土地资源的消耗[109]。

（2）PC建筑可减少建筑垃圾和废弃物。在施工营造阶段，据统计测算，现浇建筑施工过程会产生建筑垃圾 $5\sim6t/100m^2$。而以装配率为 60% 的北京市某住宅项目为例，PC建筑施工可减少包括保温材料、砂浆、混凝土、木材与钢材等五大类的建筑垃圾排放量 22.33%；在使用维护阶段，PC建筑所带来的集约化效能也将极大提高对生活废弃物的处理效率，一定程度上解决其侵占和污染土地的现象，从而达到节地的效果。

5. 环境保护

（1）大气环境保护。我国正面临着城市空气高污染的情况，而引起城市空气污染的三个主要原因分别为：燃煤、交通和扬尘。根据有关数据统计，建筑施工扬尘占社会总扬尘排放量的 14% 左右。PC建筑由于将大量的现浇湿作业转入工厂内进行生产，项目施工现场只进行节点现浇、节点浆锚等湿作业项目，改变了传统施工工艺在生态环境保护上的不足，有效地降低了施工过程中固体悬浮颗粒物和有害气体的排放，实现了对环境污染的有效控制。

（2）声环境保护。在传统建筑施工过程中，施工现场的大型机械设备较多，机械施工产生的建筑噪声，如挖土机和重型卡车的马达声、自卸汽车倾卸块材的碰撞声和打桩机产生强大的冲击声等交混在一起，严重影响建筑周围人们的正常生活。传统建筑工程的主体施工阶段较长，施工现场切割钢筋时砂轮与钢筋间发出的高频摩擦声，支模、拆模时，敲击模板和模板坠地时相互撞击声，搅拌混凝土时，混凝土物料在搅拌机内翻腾所发出的噪声，振捣混凝土时振捣器发出的高频蜂鸣声等施工噪声持续时间较长，对周围影响较大。相对而言，PC 建筑实行生产与安装分离的方式进行施工，建筑构件和部分部品在工厂中预制生产，减少了施工现场部分工序，避免了一些机械设备施工，同时预制构件实行模板模具化，减少了拆模、支模产生的大量噪声，起到降低建筑施工现场的噪声作用。

（3）减少建筑垃圾。PC 建筑预制混凝土构件的标准化生产、安装技术能够减少建造过程中建筑垃圾的排放，混凝土预制构件精准、规范的材料用量能够减少建筑材料的浪费，降低建筑垃圾的产生。同时，在构件厂进行预制构件生产时，对场内必要的固体废弃物及建筑垃圾进行分化归类，集中处理，加大对废弃资源的重新利用。如废弃混凝土块料经细粉碎后可与标准砂拌和作为砂浆细骨料用于墙地面抹灰、屋面砂浆找平层、砌筑砂浆、制作铺地砖等，这大大节约了能源与资源，提高对环境的保护。

（4）减少碳排放。建筑物在整个生命周期内都进行着碳排放，只是不同阶段的排放比例不同，建筑施工建设阶段的碳排放量占整个建筑全生命周期内碳排放总量的 22.6%，使用阶段的碳排放量占整个碳排放总量的 75.4%，拆除阶段的碳排放占整个碳排放总量的 2% 左右[48]。

PC 结构施工在材料节约上较传统建筑有着巨大的优势，因此，在生产阶段，建筑原材料生产加工产生的碳排放较传统建筑少很多，同时，这种施工方式具有节能、节水、节材等优势，更促进了建筑建造过程中碳排放程度的进一步降低。在建筑的使用阶段，较传统建筑相比，PC 建筑的整体保温效果更好，保温年限长，相同时间内保温材料衰减率小，建筑整体碳排放量越小。

2.1.3　建筑物的碳排放及其测算方法

碳（Carbon）是一种非常常见的化学元素，是组成地壳中一切有机化合物的主要成分，在大气中则主要以 CO_2 的形式在大气层和平流层之间循环。在碳的化合物中，CO_2 是对地球气候变化影响最大的一种气体，它对全球气候变暖的贡献率约为 55%。地面上 CO_2 主要来源于石油、煤、天然气等含碳化合物的燃烧，动物呼吸以及有机化合物的发酵、碳酸钙类矿石等的分解，这即为碳排放的概念。

通过研究发现，碳排放测算的研究对象通常为产品。产品是指被提供给市场从而满足消费者需求的任何事物，这其中既包括有形的实物，也包括无形的服务、组织、思想，也同时包含以上的组合[110]。对于有形实物的建筑物，其能所提供的空间和所蕴含的无形的服务等确实满足了人类多元的需求。同时，建筑物作为一种商品，其可以通过货币交易在市场之中流通，具备广泛参与交换的价值。从另一个角度来说，产品的全生命周期存在供应链关系，建筑物作为一种特殊的产品，其也存在于相应的产业链之中，应用追溯产品的供应链的分析模式，可帮助更加全面地剖析建筑物全生命周期物质实体的转换过程和相互关系。

因此，套用产品碳排放的概念，建筑碳排放即为建筑物从生产到最终报废过程中产生和排放的 CO_2 的总量。针对建筑物的碳排放测算是指针对建筑物在全生命周期内直接或间接产生的 CO_2 排放量所进行的衡量和评价。分析建筑物生命周期各阶段的碳源信息，对建筑物在全生命周期的碳排放量进行测算，可定量认识建筑物对环境所产生的影响，同时也可为建筑领域的碳排放标准化计算提供理论依据。

1. 碳排放管理

从广义上来讲，碳排放管理是对系统内碳情况所进行的管理。因此其应将碳排放测算、碳排放评价、碳排放目标进行结合，统一研究，并根据碳排放相关知识而不断更新修正完善的管理程序。其程序流程为确定减排总量控制的目标，定义覆盖范围及边界，识别不同碳排放源，配额分配，对碳排放进行检测、报告和核证，履约奖励及违约惩罚机制等。

对于建筑碳排放管理来说，其管理核心思路即为建筑碳排放测算、建筑碳排放评价、建筑节能减排目标、建筑减碳过程的管理、建筑减碳效果评价和持续改进[72]。建筑碳管理相关活动是围绕"减少碳排放、促进碳平衡"这一目标而开展的，为此建筑碳排放需要建立相应的管理框架：即首先为需要全面理解建筑物所涵盖的人类活动发展及其对碳排放的影响，对诸如能源使用、交通、废弃物处理等碳源边界进行识别，进一步对碳排放的基本驱动因子进行选择确定，并对未来碳排放进行预测和分析。其次，对建筑碳排放系统进行分析，评价系统的碳平衡状态，并对碳排放情况进行定量分析；再次，对建筑物的经济效益进行分析，鼓励建筑参与碳交易。最后，依据分析结果，提出建筑减排措施，以有效干预建筑碳源，同时权衡碳管理面临的机会和威胁，以促进碳管理与其他社会、经济条件之间的协调发展。建筑碳排放的管理机制以碳源驱动机制作为其基本的运行机制，以碳交易为动力机制，以利益相关者理论形成对碳管理参与主体的权责利约束和社会监督机制。借助 PDCA 循环理论，可将碳排放管理理论简化表达如图 2-2 所示。

针对建筑而言，其碳管理的对象是不同建筑主体，通过对不同主体碳排放进行分析进而对不同建筑主体的减排责任进行划分。在此基础上，建筑碳管理还需要研究如何促进不同建筑主体积极参与减排，并应用诸如碳排放交易等手段对不同主体进行激励等。而这一切的前提都需建立在标准化的建筑碳排放测算体系的基础之上。

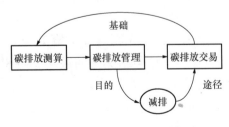

图 2-2 碳排放管理理论系统图

2. 碳排放交易

"碳排放交易"或称"碳交易"，是"碳排放权交易"的简称，其由排污权交易理论为依据衍生而来[111]。碳排放交易与其他排放权交易一样，都是运用市场化手段而进行环境保护的一种行为。其原理是为全社会污染物排放总量设定一个上限，再给各污染源分配污染物排放权，允许各污染源之间进行污染物排放权的买卖，以达到减少污染排放的目的。碳排放交易机制的核心即在于初始配额的分配、监督机制和存储机制[112]。基本的初始配额的分配主要可分为基于历史排放量的免费分配方式、基于产出的免费分配方式和公开拍卖分配方式这三类，在之后的碳排放交易之中，市场的正常运行离不开有效的监督机制，采用碳排放权的存储机制则是为了市场价格的稳定和企业的长期决策。在建筑领域，目前尚未存在一套标准的、行之有效的碳排放交易体系。而对于初始配额的分配、监督机制和存储机制这三大碳排放交易机制的有机主体，其制定及运行的基础都建立在碳排放测算标准之上。受制于此，我国建筑领域碳排放交易的进展缓慢，目前仅在深圳、上海和北京开展了建筑领域碳交易试点工作。因此，建立针对建筑的碳排放测算体系具有重要的学术价值和实践意义。

3. 碳排放测算方法

近年来，碳排放成为度量建筑物可持续发展能力的重要指标。基于此，诸如英国建筑研究院、美国绿色建筑委员会、联合国环境规划署、欧洲议会和欧盟理事会等陆续发布了一系列降低环境负荷的相关措施及评估建筑物综合环境效益的政策标准。与发达国家相比，我国对于建筑碳排放的研究较为滞后，数量也较少。20 世纪 90 年代后，中国台湾内政事务主管部门营建署、香港机电工程署及环境保护署、中国建筑科学研究院等地区政府、组织机构才陆续制定了一系列碳排放计量标准[114]。

经过对政策的总结研究发现，这些标准指南多是基于碳排放系数法为计量标准，其不仅为之后的建筑碳排放研究提供了参考价值，同时也加深了碳排放系数法在我国建筑碳排放化中的应用。

目前，虽然国内外对于建筑碳排放化研究已取得一定成果，但尚未形成一个建筑业广泛认可、推广普及的统一方法标准。目前，世界范围内在测算建筑碳排放时主要应用生产线直接能耗统计法、产业关联表统计法、投入产出法、实测法以及碳排放系数法等，如表 2-1 所示。

前四种方法由于涉及多个行业之间的统筹联合，因此可以有效地度量 CO_2 排放情况，但同时也带来了所需要的数据量大，类型复杂的弊端，比较适合政府、组织机构使用。陈志刚、李德志等学者普遍认为，碳排放系数法计算简便，因子库来源广泛，结果相对精确，是碳排放度量研究最为常用、有效的方法理念，也是国际上广泛认可的一种通用的碳排放计算方法[113-114,126-128]。因计算原理清晰且可塑性强，同样也适用于 PC 建筑的碳排放的测算。根据分析发现在建筑碳排放测算研究之中，学者们对碳排放系数法的应用情况又可分为以下三类：

国内外碳排放测算方法对比分析 表 2-1

计算方法	原理简介	优点	缺点
生产线直接能耗统计法[113,115]	直接根据供应商的材料生产量和所消耗能源计算出碳排放	直接可靠，计算精度高	建材涉及二次或以上加工，能源结构复杂，数据难度大
产业关联表统计法[113,116]	利用产业关联表中的内容，以建筑产业的需求量与建材消耗量为基础，求出其他建筑材料产业与能源产业的产值、产量直接或间接的波及效果，并以此求出碳排放	单纯以金额来计算，较易换算得出碳排放	太多间接的影响因素多，数据失真的可能性大
限定间接需要算入法[113-114]	去除产业关联表中间接关联因素而进行统计并求出碳排放	比产业关联表统计法更为单纯可信	只能求出该建材产业的碳排放，无法区别个别建材种类
投入—产出法[117—123]	将建筑相关各部门的直接碳排放系数与经济投入—产出表相结合，利用投入—产出模型得到 直接和间接碳排放	能将各部门有机结合，衡量直接和间接两个层面的碳排放	数据来源广泛，要获取精确的数据困难较大
实测法[120,124]	在确定边界范围内，通过测量建筑物实际产生各类气体排放情况计算 CO_2 排放	使用阶段 CO_2 排放测算精度高	可操作性不高
碳排放系数法[113-116,122,125-128]	用建筑物生命周期各阶段的碳排放源和碳排放行为等乘以相应的碳排放系数，求和得到总的碳排放	便于计算，且偏差度可以接受	碳排放因子库差异性较大，而且对于地域性和时效性要求较高

（1）清单法。这种清单测算方法的基础为各种碳排放因子清单。在各种清单中又以 IPCC 清单最具权威代表性。《2006 年 IPCC 国家温室气体指南》是由世界气象组织（WMO）和联合国环境规划署（UNEP）共同建立的政府间气候变化专门委员会（IPCC）所编制的。除 IPCC 清单之外，美国环保署、中国工程院、欧洲环境机构网站、美国国家标准技术研究所开发的 BEES、德国的 GABI、四川大学开发的 eBalance 等以及相关研究文献都提出了建筑碳排放因子清单。应用清单提供的一些方法和碳排放因子可估算国家诸如能源，工业过程和产品使用，农业、林业和其他土地利用，废弃物等部门类别所排放的温室气体[129]。

目前，以排放系数法中的清单法为基础，多国都提出了碳排放计算器，以面向用户的方式提供碳排放估算的方法，从一个侧面说明排放因子法业已成为当今碳排放估算方法的主流。

对诸如建筑材料和能源等要素进行碳排放测算时，可通过直接查询和参考清单中涉及的能源、材料等相对应的碳排放因子，则可科学高效地完成碳排放的量化工作[115-117]。

但若碳排放的测算对象不单单包括材料和能源，尤其是对建筑全生命周期内的碳排放进行测算时，就需要在清单的基础之上进行补充。并且因为 IPCC 清单适用范围广，这也就意味着它存在缺漏多的弊端。国内外虽有诸多已经建立了的碳排放相关清单及数据库，然而就我国而言，建筑领域碳排放相关研究起步较晚，加之幅员辽阔，导致了我国目前现有清单数据库存在时效性差、针对性差等问题，无法更好地服务于后续应用和研究。因此我国学者在应用该方法对建筑碳排放测算时，都对清单做了适应性补充和修改的工作以提高其适用性。

（2）信息模型法。信息模型法即以诸如 BIM、Visual Basic 等计算机软件为平台，建立、管理和应用建筑全生命周期内各个阶段所消耗的能源、资源等数据信息模型，以此对建筑物进行碳排放测算。美国国家标准与技术研究所开发出了的环境经济可持续建筑软件，但其只能对建筑产品的环境表现打分，不能得出精确的碳排放值。英国建筑研究所研发的 ENVEST 软件和日本建筑师学会发布的以《建筑物的生命周期评价指南》为基础开发的碳排放分析软件也存在同样的问题。在个人层面的研究中，邓南圣等学者借助了 Athena、Pleiades＋COMFIE 、EQuest、GaBi 和 Equer 等软件进行了建筑碳排放计算[130-132]，徐鹤等学者则在诸如 Visual Basic、Ecxel 和 CAD 等软件的基础上，开发了基于的碳排放计算应用模型[133-149]。

但这些软件模型同以上两种方法一样，它们的应用始终没有解决建筑全生命周期内的数据收集难的问题。近年来 BIM 技术的发展为碳排放测算提供了新的解决思路。BIM 模型为建筑物施工安装阶段碳排放的测算提供了充足的数据基础。因此，BIM 技术近来也越来越得到建筑碳排放测算研究的青睐[140-146]。然而到目前为止，还鲜有应用 BIM 构建 PC 建筑碳模型进行碳排放测算的研究。

这是因为这种测算方法对建筑 BIM 模型的精度要求过高，需要足够准确能够建立起建筑 BIM 模型的工程图纸等一系列工程项目资料。BIM 模型的精确程度不达标将会对碳排放测算结果造成巨大的难以修改弥补的误差，且目前并没有一套行之有效的自检方法来核实通过建筑 BIM 模型进行碳排放测算的准确性。最重要的是，应用 BIM 模型可在设计和施工阶段有效指导项目的进行，其在运营维护阶段的实际应用效果并没有得到学者们的广泛认可。因此，以 BIM 模型数据为基础对建筑碳排放进行测算的相关研究仍需进一步改善。

（3）数学模型法。大多数碳排放系数法的相关研究中构建的数学模型是类似的，其基本原理是以"碳排放＝活动数据×排放因子"为基础，通过清单及其他途径，获得来源于基于活动或者基于能源消费量的相应排放因子等相关数据后，可求得各活动的碳排放。这种数学模型原理简单，操作灵活，其体现形式为学者设计创建诸如线性方程、矩阵[111]等形式的数学模型。同时，其使用范围也得到了朱嬿、张智慧等学者的认可，他们根据各类型建筑物不同的建筑结构[84-86,133,147-148]、地理位置[149]、建筑材料[113-115,147]和能源[42,130,150,151]等，选择建筑全生命周期或其中的任意阶段[136,135,152]，结合具体情况，建立针对性的数学模型进行了排放量的测算。因计算原理清晰且可塑性强，其同样也适用于PC建筑的碳排放的测算。

2.2 生态激励机制的内涵

这里的激励，还可以称之为补偿，是指主体因某一行为而造成了损失（或获得了不合理的超额利益）后通过实物、货币、政策等方式，按照一定的原则和程序向受偿者给予弥补的行为，强调主体在某一方面亏失，而在另一方面获得；与此相关的"赔偿"是指由于激励主体的行为使得他人或集体的利益受到损失而给予他人和集体的补偿和激励[153]。

尽管关于生态激励的研究越来越多，生态激励实践也越来越广泛，然而对于生态激励的定义不尽相同。不同学科的学者因学科需要对生态激励的理解提出了不同的概念。不仅有广义的概念，也有狭义的概念；有生态学概念，也有经济学和法学概念等。另外，在"生态激励"的称谓上也有所不同，有"资源激励""生态环境激励""生态效益激励""环境服务激励""自然生态激励"等。一般认为，生态激励首先是生态学意义上的概念，指自然生态系统对干扰的敏感性和恢复能力，后来随着人们认识的逐步提高和出于保护生态环境的需要，充分利用经济手段以改善生态环境，因此，逐渐向经济学方向发展。

2.2.1 生态学视角下的生态激励

生态激励最初是描述维持自然生态系统平衡的意义。具有代表性的生态学意义上的生态激励概念是《环境科学大辞典》中的定义，将自然生态激励定义为："生物有机体、种群、群落或生态系统受到干扰时，所表现出来的缓和干扰、调节自身状态使生存得以维持的能力，或者可以看作生态负荷的还原能力。"[154]这是完全从自然生态系统的角度提出的自然生态激励的概念。

吕忠梅[155]认为生态激励有广义和狭义之分。狭义的生态激励就是指对由人类的社会经济活动给生态系统和自然资源造成的破坏及对环境造成的污染的激励、恢复、综合治理等一系列活动的总称。广义的生态激励还应包括对因环境保护丧失发展机会的区域内的居民进行的资金、技术、实物上的激励、政策上的优惠，以及为增进环境保护意识、提高环境保护水平而进行的科研、教育费用的支出。

综合前人的研究，结合上文谈到的PC建筑节能环保的生态效益，本书将生态激励定义为——为了保护和改善生态环境，实现人类社会和自然生态系统的协调可持续发展，通过综合利用行政、法律、经济等手段，对造成生态破坏、环境污染问题的个人和组织的负外部性行为进行收费（税），对恢复、维持和增强生态系统服务功能做出直接贡献的个人和组织的正外部性行为给予经济和非经济形式激励的一种管理制度。

2.2.2　经济学视角下的生态激励

作为生态系统成员的人类有义务维持生态系统的平衡和发展，生态激励也逐渐演变为人类维持生态系统平衡的环境保护手段，而这一手段主要依靠的是经济手段。

20 世纪 90 年代中期之前我国主要采用对生态环境破坏者征收激励费的方式，认为损害生态环境而承担费用是一种责任，这种收费的作用在于它提供一种减少对生态环境损害的经济刺激手段[156]。而 20 世纪 90 年代后期以来，随着生态建设实践的需求和经济发展的需要，经济学意义的生态激励内涵发生了拓展，由单纯针对生态环境破坏者的收费，拓展到对生态环境的保护者进行激励。生态激励的概念将资源环境的保护行为与资源环境的破坏行为一并纳入。如毛显强[157]在总结了前人研究成果的基础上，对生态激励的定义为：对通过对损害（或保护）资源环境的行为进行收费（或激励），提高该行为的成本（或收益），从而激励损害（或保护）行为的主体减少（或增加）因其行为带来的外部不经济性（或外部经济性），达到保护资源的目的。

生态激励的目的在于维护生态平衡、保护好生态环境，为人类的生存与可持续发展创造良好的环境和物质基础。可以说，生态激励所体现的正是生态经济的可持续发展。由于生态经济具有外部性，外部性的经济活动导致了市场失灵，使得资源配置无效或低效。因此，需要采用一些措施或途径来矫正或消除这种外部性。具体而言，就是要设计一定的机制对生态产品的边际私人成本或边际私人收益进行调整，使之与边际社会成本和边际社会收益相一致，实现外部效益的内在化。因此，单纯从经济学意义来说，利用经济手段保护生态环境是目的，而将外部经济内部化是生态激励的核心内容。

2.2.3　生态激励与激励机制

PC 建筑与传统建筑相比具有明显的社会效益，政府因此采取了一系列措施鼓励其发展，在整个推进过程中，成本瓶颈这一问题逐渐凸显，PC 建筑产业链的各个主体都承担了因建设 PC 建筑而增加的增量成本，短期经济效益不明显，对整个产业尤其是房地产开发商的利润造成了损失，且无法通过市场自身调节得到激励。因此，政府需通过一系列的政策弥补其受到的利益损失，使其经济外部性得到合理激励，激励其发展，最终使得 PC 建筑产业发展达到某种平衡。这就意味着，PC 建筑激励机制的建立，必然有相应的激励机制。考虑到整个产业的可持续发展，产业在不同发展阶段的不同需要，生态激励机制应该是动态的、灵活的且符合城市整体发展方向的。

2.3　生态激励的理论基础

2.3.1　外部性理论

外部性理论最早是由英国经济学家马歇尔提出，他对经济生产活动可以产生影响的因素分为两部分，分别是外部经济和内部经济。外部经济指对工厂的生产活动和生产效益有益，但在成本上却体现不出影响[158]。

在接下来的研究中，剑桥经济学家庇古进一步补充完善了外部性理论，他将影响经济生产活动的因素进一步细分，内容主要包括内部经济、内部不经济、外部经济、外部不经济，他认为经济外部性指的是在生产活动中，经济主体的生产、消费行为所产生的效应无法利用市场这一经济媒介来体现，而是以增加效应的方式对其他经济主体产生影响的现象[159]。

意大利经济学家帕累托在庇古研究的基础上，从经济外部性产生的前提这一视角对其进行了研究，他认为经济外部性能够影响福利；经济外部性是随机产生的；经济外部性的主体和被影响方都必须从事经济活动；外部性造成的福利增减不以支付为代价[160]。

现代经济学家对这一理论又进行了补充，将经济外部性分为"正外部性"和"负外部性"。从经济学的角度来看，PC建筑是一种具有很强公益性的公共产品，具有外部效应。外部性的存在通常是因为在市场机制中无法合理地配置经济资源[161]。PC建筑会给社会带来丰厚的公共利益，其额外功能的受益者是社会总体，它为消费者提供了更为舒适的居住环境，然而运行阶段使用费用的降低幅度不足以驱使利益相关主体建造或者购买成本与售价更高的PC建筑，由此，经济外部性产生。

PC建筑市场失灵导致在当前的市场经济下，那部分外部效益无法获得，该领域需要市场和政府共同发挥作用。一是需要通过政府的强制性措施，对于那些市场失灵的领域来规范生产者和消费者的行为，这样可以将负外部性程度降低到最低。二是外部经济内在化，引导市场采取有效的积极行动。也就是说，通过政府干预将市场机制失灵的领域转化为有效市场机制的领域。目前，政府通常采取措施来执行PC建筑设计标准，很少使用税收调整和补贴等经济激励机制。这些强制措施不仅限制了市场机制作用的发挥，而且还因为其固有的高实施成本和较差的灵活性，加之缺乏相应的监管手段，实施效果普遍欠佳。

2.3.2　激励理论

激励指的是组织需要设定合适的工作环境和指定的行为规范，以相应的外部奖励措施和惩罚作为重要手段来引导、激励、约束组织成员的行为，以此来达到鼓励组织及成员完成规定目标的行为活动。

经济大师赫茨伯格提出的双因素理论认为，激励因素与保健因素是对人类工作动机产生影响的主要因素，两者又有区别，其中激励因素主要是通过提高组织成员满意度的方式达到激励的目的，而保健因素只能降低组织成员的不满意度，不能达到很好的激励效果[162]。

霍姆斯特姆[163]提出的组织生产激励理论认为，管理者采取一定的激励手段对员工实施合理激励是避免出现违纪行为的最好办法。而有学者则通过实验证明，在适当的条件下，以最优工资合同为代表的经济激励机制与组织的产出存在线性关系[164]。学者们普遍认为通过设计科学合理的经济激励机制可提高组织成员的积极性，也可使社会资源得到合理配置。

PC 建筑高成本对应小市场，市场积极性自然就不高，PC 建筑成本较高原因：一是过程成本，预制施工技术难度较高，研发和预制所需机械设备投资大，组件成本较高；二是物流成本，PC 建筑从规划、设计、生产、运输到施工各个环节衔接不是很流畅，还增加了很多成本，成本高是阻碍 PC 建筑发展的一大瓶颈。但是经实践证实，在现有的技术条件下，很难将成本大幅度降低到与现浇相当的水平，只有政府通过对 PC 建筑采取相应的激励措施，增强开发商的积极性，加大 PC 建筑的开发规模，扩大 PC 建筑体量，才能摊薄固定资产投资等成本。

因此针对 PC 建筑不同阶段的经济主体对激励的不同敏感程序设计激励方案，通过确定可行的经济激励手段加以刺激，对激励对象在关于 PC 建筑建设的主动性和积极性方面有所提升。只有政府出台相关的激励政策，给予装配式产业全面发展的初始推动力，实现 PC 建筑的生产、销售由政府适度引导，市场决定产业发展方向，才能形成合理的价格机制，才能使得 PC 建筑迸发出活力，健康、高速发展。

2.3.3　可持续发展理论

可持续发展是指保证社会、经济、资源、人口与环境协调发展，不仅要满足当代人发展的需要，而且要保证后代人需要的发展模式，同时还需要把良好的生态环境和资源的永续利用当作可持续发展的标志[165]。

建筑业是一个能源与资源消耗巨大的产业，随着经济的发展，建筑业发展较为迅速，但资源浪费现象十分严重，据统计，建筑业创造的产值约占世界产值的 10%，耗费了人类使用自然资源总量的 50%，能源总量的 40%，传统建筑施工过程耗费了大量的水、木材、水泥和钢材等资源，且给人类带来水污染、废气污染、噪声污染等其他方面的环境污染。

高度发展、高消耗、高污染、低效率的传统粗放型建造模式更加加剧了我国人均资源匮乏的局面，不符合可持续发展的理念。而 PC 建筑在建筑全寿命周期中，最大限度地节约资源（节水、节材、节地、节能），在满足现有生产的条件下，最大限度地减少浪费和环境污染，具有较好的社会效益和环境效益。

2.4　系统动力学理论

2.4.1　系统动力学定义

系统动力学（System Dynamics）作为分析研究信息反馈系统的一门学科，同时是一门认识系统问题并解决系统问题交叉的综合性新学科[166]，系统动力学方法是一种以反馈控制理论为基础，以计算机仿真技术为手段，通常用以研究复杂的社会经济系统的定量方法。系统动力学认为，系统的行为模式与特性主要取决于其内部的动态结构与反馈机制[167]。"系统"指相互作用的诸多单元的复合体，例如社会、经济、生态等复杂的系统，其是由许多单元子块组成，从整个系统角度出发，"反馈"指系统输出与源于外部环境的输入之间的关系，反馈可以从单元或子块或系统的输出与其相应的输入直接关联在一起，也可以通过媒介——其他单元、子块，甚至其他系统来达到目的。系统动力学的研究对象主要是带有信息反馈的一系列综合性问题，通过建立模型、数据输入、模拟仿真来达到解决问题的目的。

PC建筑的发展涉及因素众多，各因素相互关联，本身是一项系统工程。它是一个反馈的动力系统、复杂的动力系统，其发展受到政策、市场、技术、经济等因素的影响，从系统动力学的角度分析各因素间的相互作用关系有助于更好地发展PC建筑。

2.4.2　系统动力学特点

系统动力学是利用计算机，将收集到的信息进行分类汇总，将有关事实数据化，再用数学等手段对数据进行分析，进而得到最佳的解决方案，为决策提供有效的依据。系统动力学是一种定性定量相结合的方法，主要是使用一阶微分方程，但带有时间的滞后性。由于系统动力学中的"积累""流率"和其他辅助变量都具有明显的物理意义，综合分析识别和理解PC建筑激励的主要影响因素及其影响关系，是合理分析的基础。本书有助于我们深刻理解这些主要因素之间的相互影响关系[168]。

系统动力学选择从系统方向去分析研究问题，发现影响研究对象的原因并厘清这些影响因素之间的主要逻辑关系，进而找出能够改进系统行为的有效措施，最终达到研究的目的。详细来说，系统动力学具备以下特点：

（1）对历史数据依赖较小。系统动力学在建模过程中更注重的是系统影响因素的识别与筛选以及各影响因素之间相互作用关系的确定，对于历史的数据依赖性较小。

（2）能够实现定性分析与定量分析相结合。通过建立系统动力学因果关系图，继而对其进行因果树分析和因果反馈回路分析可定性研究系统内各个元素之间的相互作用关系，而通过对各个元素建立方程关系，构建系统动力学系统流图，可对系统进行定量模拟研究。

（3）擅长处理复杂问题。系统动力学可用来处理社会、经济、生态环境等多重变量、多重反馈、高阶次、非线性、复杂时变的问题，它可在宏观和微观层面对系统运行规律进行深度挖掘。

（4）能够完成动态化的仿真模拟。系统动力学拥有强大的仿真模拟功能，常用于对政策的仿真模拟，政策制定者可通过改变相关变量的值观察对系统总体目标以及其他相关变量产生的影响，从而为制定科学合理的政策提供依据。

（5）能够致力于长期动态战略的研究。系统动力学重在模拟相关变量未来的变化趋势，可通过模拟进行长远的、动态的、战略性的研究。

2.4.3　系统动力学构建模型的步骤

利用系统动力学来对复杂系统进行模拟实验必须要首先进行建模，通过对系统的逐步分析后建立模型[169]，一般建模分为以下五个步骤：

第一步通过运用系统动力学的理论、原理和方法以此对研究对象进行科学分析。第二步进行系统的结构解析，分割出系统层次与子块，得出总体的和局部间的反馈机制。第三步建立科学的、标准的模型。第四步为模型检验，在检验过程中发现问题并进行修改。第五步以系统动力学理论为指导利用模型进行具体的模拟与政策分析。具体的运行流程如图 2-3 所示。

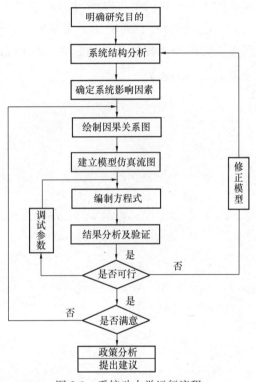

图 2-3　系统动力学运行流程

2.4.4　系统动力学方法在装配式激励中的适用性分析

系统动力学是一种定性与定量相结合、系统分析、综合与推理的方法，以定性分析为先导、定量分析为支持，两者相辅相成、逐步深化。同时系统动力学又是建立模型与运用模型的统一过程，通过实际调研，搜集与系统相关的数据资料，并进行模拟分析，从而得出系统发展趋势。

PC 建筑激励系统是一个开放的、不具备单一线性关系的复杂大系统，具有动态性、长期性、反馈性等特点，系统的运行是各类因素彼此间相互作用的过程。采用普通的研究方法，忽视了系统中每个要素彼此之间的相互作用关系，不能准确地对其进行分析和预测，也很难展现系统发展的动态效果。同时，普通的研究方法最大的缺点是回避了"系统中的某个要素对系统的影响到底有多大"这样一个问题。系统动力学提供了一种动态性的以系统全过程作为基点的科学分析方法，能够将系统中的各个因素较好地融合在一起，得出各个因素之间的内在逻辑关系，进而从整体性角度对系统进行研究，所以利用系统动力学来研究 PC 建筑激励是可行的。

系统动力学在 PC 建筑激励方面的研究具有以下优势：第一，系统动力学可以在复杂条件下综合考虑多种影响有效地分析出影响因素。第二，系统动力学不仅可以分析出影响，还可以分析出各影响之间的相互关系。第三，系统动力学是动态分析方法，可以根据随时变化的情况随时分析结果，可以动态地分析所研究的问题。因此，将系统动力学应用于 PC 建筑激励，更能够对建筑发展缓慢的成本瓶颈问题进行系统分析，仿真模拟政府经济政策带来的影响。使用系统动力学对 PC 建筑的激励机制进行分析也是未来发展的趋势。

第3章 装配式混凝土建筑碳排放测算概念模型构建

3.1 PC建筑碳排放测算边界

通过对相关研究分析发现，学者们将碳排放概念应用到不同尺度和对象，并将碳排放从一个单一的量的概念延伸扩展为一种温室气体排放的度量方法，即认为碳排放是指在气候的影响下，具有特定功能单元在一定时空和系统边界内考虑所有活动的碳排放的专门度量方法。产品碳排放是指某个产品"从摇篮到坟墓"的所有阶段，即从原材料开采、生产、销售、使用至最终处理再利用的过程的温室气体排放。以此为基础，PC建筑碳排放即为：PC建筑在其全生命周期内所包含的所有碳源产生CO_2的排放的质量当量。

在确认PC建筑碳排放测算边界时，需将PC建筑的全生命周期看作一个有机的系统，所有由于能源、资源的消耗行为而导致系统向外部环境所排放CO_2的总量都应包含在内。PC建筑碳排放测算边界的内部应包含所有为形成PC建筑实体及功能的过程流和中间产物，诸如因PC建筑的规划、设计、报批报建，建筑材料的开采、加工生产、运输，PC构件的生产、运输，施工现场的传统施工工艺、PC构件吊装、固定、安装，消费者用水用电等行为，建筑维护，直至PC建筑完成生命周期时所进行的拆除和处理回收等所消耗的一系列能源和资源而产生的碳排放。

需要注意的是，因PC建筑全生命周期内涉及建筑材料、能源、资源消耗的种类、数量繁多，为在保证测算结果科学、合理的基础上适度精简数据统计、计算过程，本书在测算时也将应用"二八标准"。即对PC建筑全生命周期内消耗的所有建筑材料、能源、资源消耗行为进行分类的筛选分析，根据各产物及行为的成本费用由高至低的顺序进行筛选分析，累计费用占总体费用80%以上的相关建筑材料、能源、资源消耗行为纳入本PC建筑碳排放测算体系的测算边界之内。

通过借鉴相关研究中概念模型的构建思路，本书将从以下三方面探寻PC建筑碳排放测算概念模型的关联度。

3.1.1 针对全生命周期的碳排放测算

通过对国内外的研究分析发现，针对产品碳排放的研究，尤其是产品全生命周期内的碳排放是研究的主流。在选取建筑物为产品进行碳排放分析时，大多数学者的分析对象为传统的现浇整体式建筑，鲜有学者选取 PC 建筑为对象。而少有的以预制装配式混凝土建筑为研究对象进行了碳排放测算的分析，也只是对物化施工阶段进行了研究，仍缺乏对 PC 建筑全生命周期碳排放情况的认识。

虽然对于不同的建筑物，在设计、施工、运行和维护阶段都有很大的不同，但是所有的建筑物都会经历从建设到运营到拆除的过程。因此学者们在对建筑全生命周期内的碳排放量进行测算时，往往都会首先考虑以时间为节点，在建筑物的全生命周期各个阶段内部分段计算。对于以时间节点为基础的计算，在传统的建筑全生命周期领域已经有了较多的研究，可以将建筑物全生命周期分为规划设计阶段、施工安装阶段、使用维护阶段以及拆除清理阶段。根据各阶段独特的现场分区、独特的碳排放源头等情况分类计算，边界更加容易确定，能够更好地与传统全生命周期理论对接，同时保证计算结果的准确性。

3.1.2　针对清单要素的碳排放测算

通过对国内外碳排放内容的研究分析可发现，在产品碳排放研究内容之中，学者们大多应用产品全生命周期理论为研究基础进行评价，且绝大部分研究都以针对清单要素的分析作为其研究脉络。

针对建筑物而言，其以要素为脉络进行分析的思路可以追溯至工程造价学科。在将建筑全生命周期分阶段处理后，各阶段内部又可分为各种分部分项工程，而对各分部分项工程一一进行碳测算未免过于繁琐。因此，许多学者借鉴了工程造价中"人材机"的思路，将建筑全生命周期内的碳排放归结为人工碳排放、建筑材料碳排放以及施工机械设备碳排放三大部分，以此进行碳排放量测算[170-171]。

以建筑施工过程为例，首先根据施工工序，采用清单计价时的分项建设工程机械材料清单，或者根据建设工程基本图样详细列出机械材料消耗清单。同时，工程量清单数据可直接套用工程造价数据，以大大减少碳排放计算工作量。然后，依据清单数据，将各个机械和材料的消耗量进行汇总，再构造选择合适的碳排放因子。最后将碳排放因子与对应消耗量数据相乘，进行加总后得到整个施工过程的碳排放量。

这种碳排放量化测算方法对 PC 建筑实际工程的应用适应度更高，且具有更高的准确性和可操作性，更适用于 PC 建筑碳排放量测算的研究。

3.1.3　针对产业链上全员的碳排放测算

当视角转换至位于产业链之中的企业时，作为碳排放成本的可能的承担者，企业十分关注它们的碳排放。企业碳排放测算过程中存在的一个突出的问题是位于产业链上的企业之间的重复计算：如果一个企业在计算碳排放时包含了产业链上的所有碳排放，而产业链上的其他企业也如此计算，就会导致重复计算。这就要求企业只应该也只能够在某些特定的点上承担其产品产生的碳排放。因此，企业碳排放的评估是一种

"从摇篮到大门",即企业到企业的评估,应构建产业链上下游企业分担碳排放责任的方法,以追求碳排放测算和相关责任分担、利益分配的科学、合理、准确性。

故本书在针对 PC 建筑进行碳排放测算体系研究时,也应采用全视角的分析的模式,即在 PC 建筑产业链上的开发商、设计单位、构件生产厂商、建设方、材料、设备供应商、消费者、物业管理单位等不同视角,分类对 PC 建筑的碳排放量进行测算,以保证研究的严谨性。

3.2 PC 建筑碳排放测算概念模型设计

通过对相关文献的梳理发现,近年来针对 PC 建筑的碳排放测算的研究是一个热点。但目前,相关文献对其的研究仍停留在定性分析或不完整的定量分析层面上。经分析发现,这种定量分析的不完整性主要体现在过程、要素和视角这三个维度之中。

3.2.1 过程维度

从过程维度来看,研究应用全生命周期理论对 PC 建筑分段测算分析。全生命周期理论作为国际标准层面上的建筑产品环境影响的量化分析评估工具,以评价体系的基本构架理论的形式,被广泛应用于诸如美国 LEED、英国 BREEAM、日本 CASE-BEE 以及我国 ESGB 等国内外的各种绿色建筑评价体系之中。以本书为例,即在 PC 建筑结构设计期限内,应用全生命周期理论,结合 PC 建筑再生、施工等特点,将 PC 建筑全生命周期划分为规划设计、构件生产运输、安装施工、使用及维护阶段和拆除及回收这五个阶段,并分别针对各阶段具体情况对其碳排放进行分析研究。

3.2.2 要素维度

在要素维度之中,应借鉴工程造价中"人材机"的思路,将建筑全生命周期内的碳排放归结为人工碳排放、建筑材料碳排放以及施工机械设备碳排放三大部分,以进行碳排放测算。这种碳排放量化测算方法对实际工程的应用适应度更高,具有较好的可操作性,同时也能极大地减少在 PC 建筑碳排放测算中对各影响因素的遗漏风险,将大大提高研究的科学性和准确度,因此更适用于本书对 PC 建筑碳排放量测算的研究。

3.2.3 视角维度

分析视角维度可知,国内外的各种绿色建筑评价体系在视角覆盖方面的全面性是其体系构建的关键点,也以此作为决策和判断的依据,为政府官员、业主、开发商等起到了关键的指导作用,使评价结果在市场和目标之间建立联系,从而进一步促进了评价体系的不断完善。因此,需要从多个视角出发,也即在 PC 建筑全生命周期内,各个阶段与环境、资源、管理等相关环节以及建筑各阶段涉及的利益相关方的视角进行深入探究，进而对建筑的碳排放进行更深层次的分析。在实际的碳排放测算之中发现，政府作为 PC 建筑参与者所产生的碳排放量微乎其微，且过于冗杂，难以测算。而为了本书测算体系在之后的视角分析和责任分配，PC 建筑的材料、设备供应商也将根据实际情况合并至构件生产厂商和建设方之中。

这也就意味着，本书在对 PC 建筑进行碳排放量进行测算时，需要采用全视角分析的模式，也即在 PC 建筑产业链上的开发商、设计单位、构件生产厂商、建设方、消费者、物业管理单位等不同视角，分类对 PC 建筑的碳排放量进行测算，以保证研究的严谨性。

除此之外，全视角分析模式也要求在得出 PC 建筑的碳排放量之后，需归结至以上不同视角的范围之内，分别针对不同参与方在其全生命周期内的参与情况，对 PC 建筑的碳排放情况进行分析，也可进一步探求碳排放相关责任分担、利益分配等问题，以保证研究的完整性。

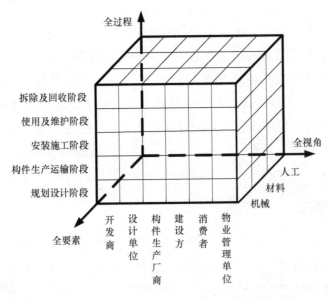

图 3-1 全过程、全要素、全视角三维概念模型

综上所示，本书构建了全过程、全要素、全视角三维分析模式，即从这三个维度，将 PC 建筑的全生命周期分为规划设计、构件生产运输、安装施工、使用及维护阶段和拆除及回收这五个阶段，以人工、材料、机械各要素分析为脉络，分别针对 PC 建筑产业链上各方，测算分析其碳排放情况（图 3-1）。

3.3 PC 建筑碳排放各阶段内容分析

PC 建筑将现浇整体式混凝土建筑和预制装配式混凝土建筑的结构体系进行了结

合，即建筑的部分预制混凝土构件在预制工厂加工生产，运输到施工现场，以机械吊装等方式，通过钢筋、连接件等手段加以连接，并与现场浇筑混凝土一起形成整体的建筑。结合前文阐述的 PC 建筑模式的特征特点，对比传统建造模式与之的区别，归纳出 PC 建筑的全生命周期可划分为如下的五个阶段。

3.3.1　规划设计阶段

规划设计阶段是指设计单位收到项目开始到设计完成为止一个阶段。在此期间的碳排放主要是指设计阶段所用能源和物资的消耗产生的 CO_2 的排放量。由于设计阶段较短，其发生多为办公室内消耗。在实地调研与阅读大量文献基础上，PC 建筑在设计阶段的碳排放主要可归纳为人工碳排放和机械碳排放：人工碳排放的排放主体主要为参与 PC 建筑规划设计工作的设计单位及开发商的相关人员；机械碳排放的排放主体主要为设计单位及开发商的相关人员在对 PC 建筑进行规划设计和开发报建的过程中，使用的电脑、打印机、照明等办公电器及轿车等交通工具。

规划设计阶段在整个生命周期内虽是碳排放量最少，但却是对低碳评价影响最大的一个阶段。其在规划设计阶段形成的 PC 建筑结构、地理位置、结构、种类以及施工机械种类、方案等方面的设计，决定了构件种类和用量。能源结构的合理性直接关系到碳排量。而其设计理念将决定建筑是否为低碳可持续建筑的前提。一般说来在规划设计阶段决定的方案或决策后很难再更改，可以说规划设计阶段是 PC 建筑整个生命周期中减排成本最小，成果最为显著的一个阶段。因此，规划设计阶段的碳排放量最小占总排放量的比例最低，但其重要性却不可忽视。

综上所述，规划设计阶段所产生的碳排放归结至人工、材料、机械这三个要素分析结果如下：

1. 人工碳排放

（1）设计单位相关工作人员产生的碳排放；
（2）开发商相关工作人员产生的碳排放。

2. 材料碳排放

PC 建筑在本阶段不涉及直接的材料碳排放。

3. 机械碳排放

（1）设计单位相关人员在规划设计和开发报建的过程中，因诸如电脑、打印机、照明等办公电器及轿车等交通工具运行而产生的碳排放；
（2）开发商相关人员在规划设计和开发报建的过程中，因诸如电脑、打印机、照明等办公电器及轿车等交通工具运行而产生的碳排放。

3.3.2 构件生产运输阶段

1. 材料开采加工阶段

建筑材料的碳排放是贯穿于建筑物的全生命周期的，因此在原料采取、生产、使用、回收利用等整个生命循环过程中，本书选取了建筑材料为脉络进行研究。在全生命周期内，建筑材料对环境产生的影响主要可归结为以下几种行为：

（1）材料在开采和生产过程中产生的废物；

（2）材料在加工生产过程中排放的温室气体；

（3）材料在生产加工过程中产生的有毒气体；

（4）材料在生产加工过程中的能源消耗；

（5）材料运输的能源消耗；

（6）材料使用过程中的能源消耗；

（7）材料拆除清理时的能源消耗；

（8）材料可再生的处理。

通过上述几个方面可知，建筑物材料的碳排放贯穿于从开采到拆除的材料的全生命周期。细化分析，PC 建筑材料碳排放则主要发生在建筑材料的开采、加工生产及运输过程中。其中，对于运输而言，主要指从开采到形成建筑材料，并被运输至施工方所在的施工现场过程中发生的碳排放。

首先对于材料的开采阶段，由于开采阶段需要进行一系列的化学反应，目前没有形成精确的统计数据，因此也不予考虑。而在材料生产加工过程中所产生碳排放主要是由于消耗化石燃料碳排放、电力碳排放以及原料之间的化学反应得到的碳排放。对于消耗的化石燃料而言，由于其主要成分是碳氢化合物或其衍生物，燃烧后会产生 CO_2，因此，由能源的使用量与其含碳量可以推算出 CO_2 排放量；其次，建筑物材料在生产的过程中都要直接或间接地消耗电能，因此也会产生相应的碳排放；对于原料之间化学反应产生的碳排放，因为建筑物材料的种类繁多，各种建筑物材料在生产阶段所发生的化学反应各不相同；最后，对于材料在成型之前，由于运输所产生的碳排放量也需要进行考虑。以上三者综合考虑，就是在建筑物施工安装阶段原材料所带来的碳排放。在此基础上，将开采生产单位建筑材料所产生的碳排放量化，即为建筑材料的碳排放因子。

2. 构件生产阶段

采用 PC 建筑建造技术，随着集成化程度的不同，将部分节点、连接件和构件在工厂工业化预制，现场采用工法式、流程化的连接、安装技术。不同于传统现浇整体式工艺，构件生产阶段只是原先传统施工阶段其中的一部分，它的研究对象不再局限于是"建材"本身,而是扩展到了各类型的 PC 构件。

此阶段产生的碳排放主要可分为两部分:

(1) PC 构件在工厂阶段的生产、制造、加工、搬运过程中由于消耗能源所产生的碳排放;

(2) 由生产工艺引起的材料化学变化所导致的碳排放。

3. 构件运输阶段

不同于传统建造方式,物流运输阶段是原先传统现场施工阶段其中的一部分,相较于传统的建材运输,PC 建筑的物流体系更接近于商品物流的模式:运输物品的不再局限于零散的建筑原材料,而是新加入了更具备商品特征的 PC 构件。PC 构件由构件生产厂商完成加工生产后,即通过专用的 PC 构件运输车辆,由构件生产所在地运往 PC 建筑的安装施工现场。需要注意的是,为保证研究的全面性,其他建筑材料由材料生产地至现场的运输所产生的碳排放也在此阶段一并考虑。而针对 PC 构件,其在由工厂到现场的过程又可细分为三个阶段,因此本阶段的碳排放也可据此分为三个部分:

(1) 将 PC 构件由工厂的堆放场地吊装至专用运输车辆,即一次垂直运输时产生的碳排放;

(2) 用专用运输车辆将 PC 构件运至施工现场,即水平运输时产生的碳排放;

(3) 将 PC 构件由专用运输车辆吊装至施工现场堆放场地的二次搬运,即二次垂直运输时产生的碳排放。

其中 (1) 和 (3) 阶段行为是 PC 建筑物流阶段的特色,传统的施工建造方式没有该环节。

综上所述,在构件生产运输阶段所产生的碳排放归结至人工、材料、机械这三个要素分析结果如下:

1) 人工碳排放

构件生产厂商工人产生的碳排放。

2) 材料碳排放

(1) 在材料生产加工过程由于化石燃料的消耗而产生的碳排放;

(2) 材料在生产的过程中直接或间接消耗的电能所产生的碳排放;

(3) 各类建筑材料之间因发生的化学反应所导致的碳排放。

需要注意的是,此处需将其划分为建筑材料供应商及 PC 构件生产厂商两个视角进行测算分析。

3) 机械碳排放

(1) 对于材料、PC 构件在成型之前因运输而造成叉车、龙门吊等机械工作所产生的碳排放。

（2）材料及预制构件等在工厂阶段的生产、制造、加工过程中，因插入式振动器、侧立脱模机、蒸汽式养护机等机械运作，而消耗油类能源或电能所产生的碳排放。

（3）将 PC 构件由工厂的堆放场地吊装至专用运输车辆的第一次垂直运输，因汽车吊、叉车、龙门吊等机械运作产生的碳排放。

（4）用专用运输车辆将 PC 构件运至施工现场，即第一次水平运输时产生的碳排放。

（5）将 PC 构件由专用运输车辆吊装至施工现场堆放场地的二次搬运，即第二次垂直运输时产生的碳排放。

（6）用运输车辆将其他建筑材料运至施工现场及二次搬运所产生的碳排放。

3.3.3 安装施工阶段

装配整体模式即在通过传统现浇施工工艺建成部分建筑的基础上，采用专业设备进行机械化的现场装配，并采用标准化的工艺处理好连接部位，最后形成预定功能的建筑产品。PC 建筑的安装施工阶段按照流程可划分为三个部分——"传统现浇施工"＋"吊装"＋"装配连接"；而传统现浇施工、吊装与装配连接的对象，即该阶段的碳排放研究对象。目前我国建筑结构的主要形式是钢筋混凝土，现阶段其 PC 建筑技术路线是水平构件（梁、柱、楼板等）叠合，竖向构件（剪力墙等）现浇，外围护构件（外墙板）外挂的技术形式。而轻型结构，如轻钢结构、木结构等更适宜 PC 施工。

在"传统现浇施工"阶段，建筑施工单位在已有的物料基础上，投入一定的机具和劳动力，通过各种施工工艺将图纸上的建筑进行物质生产与实现。

在"吊装"阶段，将 PC 构件由运输载具或施工现场堆放场地吊装至指定位置。

在"装配连接"阶段，预制件的装配连接方式可分为湿式连接和干式连接，湿式连接指连接节点或接缝需要支模及现浇筑混凝土或砂浆（主要适用于预制混凝土结构）；干式连接则指采用焊接、栓接连接预制件（适用于预制 PC 建筑的所有材料结构类型）。其中湿式连接中建筑材料生产和施工机械设备耗能所导致的碳排放相比较于构件生产阶段的碳排放影响可以忽略不计。干式连接的碳排放主要来自于机械设备耗电。

综上所述，根据本书建立的人工、材料、机械的全要素视角分析，PC 建筑的安装施工阶段碳排放主要集中于以下内容：

1. 人工碳排放

参与 PC 建筑安装施工阶段的传统现浇部分施工、吊装及装配连接等阶段的现场人员所产生的碳排放。

2. 材料碳排放

（1）因施工过程及人员生活所需的施工用水、消防用水及生活用水而消耗水资源从而产生的碳排放。

（2）此阶段 PC 构件所包含的材料碳排放在构件生产运输阶段碳排放测算时已经考虑，因此此处不再计算。

（3）在装配连接阶段中的湿式连接时，其所涉及的建筑材料生产所导致的碳排放相比较于构件生产运输阶段的碳排放影响可以忽略不计。

3. 机械碳排放

此阶段机械碳排放主要由安装施工阶段所介入的各类型机械、器具运行所产生，主要集中于因 PC 构件吊装、建筑材料吊运为主的吊运机械碳排放，以及因装配连接、钢筋焊接为主的工具器具碳排放。也即分别因传统现浇工艺及预制装配式工艺这两部分而引起的相关机械、器具运行而产生的碳排放。如：

（1）因传统现浇工艺而引起的诸如塔吊、混凝土地泵、泵车、水泵等水平及垂直运输机械工作产生的碳排放以及诸如电焊机、电动扳手等手持式电动设备工作产生的碳排放；

（2）因预制装配式工艺而引起的诸如汽车吊、叉车、塔吊等水平及垂直运输机械工作产生的碳排放以及诸如电焊机、电动扳手等供现场工人进行 PC 构件安装和拆卸的手持式电动设备工作产生的碳排放。

3.3.4　使用及维护阶段

据相关资料显示，住宅建筑在使用与维护阶段的碳排放量占全生命周期碳排放总量的比重最大，通常可达到 70%～80%。使用与维护阶段的碳排放内涵比较丰富，因此难以清晰界定其测算边界，需要考虑多方面的因素。

1. 建筑使用阶段

基于对相关 PC 建筑的调研分析，本书主要从电器及设备用电、煤炭和天然气燃烧、水资源、建材维修与更换等方面来计算该阶段的碳排放量。需要注意的是，对于建筑物而言，在使用阶段所产生的碳排放应包括其内部电器、家电等的能源消耗，例如电视机在使用过程中产生的碳排放等，因此在测算时往往依据统计年鉴等参考数据。此外，PC 建筑住宅小区的绿化是吸收 CO_2 的有效主体，其吸收的碳汇量是非常可观的，故本书也从中和碳源的角度引入绿化的碳排放量计算模型。

2. 维护更新阶段

在 PC 建筑的使用及维护阶段，因部分材料或构件达到寿命需要对其进行维护或更新，但 PC 建筑维护修缮频数较低，因此假定建筑的主体材料和构件在 PC 建筑寿命周期内都满足其功能，进行维护或更新的只是自然寿命比较短的 PC 建筑部位，例如外墙、门窗等。对于因外观、功能改变而对PC建筑相应部位做出的更换则不在本书的测算边界之中。因此，维护更新阶段碳排放是指PC构件等在功能置换的过程中，生产、运输、安装施工这三阶段产生的碳排放，该阶段可与前文中构件生产运输和安装施工阶段合并考虑。

综上所述，在使用及维护阶段所产生的碳排放归结至人工、材料、机械这三个要素分析结果如下：

1) 人工碳排放

因本阶段针对PC建筑的消费者和物业管理单位人员的碳排放将从以下的材料碳排放和机械碳排放两个方面展开，为了保证测算工作的合理性和准确性，故在此处不对PC建筑的消费者和物业管理单位人员的人工碳排放进行测算，因此此阶段的人工碳排放主要集中于因功能置换的PC构件在工厂化生产时，工人产生的碳排放。

集中于因功能置换的PC构件在工厂化生产时，工人产生的碳排放。

2) 材料碳排放

（1）PC构件因功能置换在工厂化生产时所发生的材料碳排放；

（2）以PC建筑小区的绿化为主体所吸收的碳排放，此处计为负碳排放量；

（3）PC建筑因消耗煤炭、天然气所产生的碳排放；

（4）PC建筑因消耗水资源所产生的碳排放。

3) 机械碳排放

（1）PC构件因功能置换在构件生产、运输时，因各类机械、机具工作所产生的碳排放；

（2）PC构件因功能置换在安装施工阶段，所使用的各类型机械、器具运行所产生的碳排放；

（3）PC建筑因空调等机械运作所消耗的电能而产生的碳排放；

（4）PC建筑因用水及水处理所引起的机械运作，由此所消耗的电能所产生的碳排放。

需要注意的是，为了保证PC建筑碳排放测算思路的逻辑性及结果的准确性，该阶段由PC构件的功能置换所产生的碳排放将合并在构件生产运输阶段及安装施工阶段的碳排放测算计算之中。

3.3.5 拆除及回收阶段

建筑拆卸和回收阶段主要的能耗来自于施工机械设备的电耗和其他燃料的消耗，运输工具的能耗化及废弃物处理、回收过程中的能耗等，碳排放也主要来自于上述能源消耗。目前国内针对PC建筑碳排放全面、定量的研究较少，因此缺乏相关的拆除与报废阶段碳排放的大量数据，且以往相关案例很少真正涉及此阶段。本书主要通过大量文献研读，最终确定了将拆卸和回收阶段分为三个部分：

1. 拆卸阶段

针对 PC 建筑中应用传统现浇工艺的建筑部分的拆除，可借鉴传统现浇建筑的拆除施工情况。但目前针对其碳排放测算的研究较少，有学者采用了施工工艺法，比如利用破碎、构件拆除工艺，开挖、移除土方，平整土方，起重机搬运等施工工艺的单位能耗折算出建筑拆除施工过程中的碳排放。但这种方法需要严密的数据资料作支撑，且因对数据过强的依赖性而存在较大的误差风险。因此，大部分学者在缺乏相关方面实际调查统计数据的情况下参考施工阶段的能耗，认为建筑拆除施工阶段的能耗约占建筑建造施工过程的 10%[181]。

针对 PC 建筑中应用预制装配式工艺的建筑部分的拆除，该过程碳排放来自于各种拆卸工法与拆卸机具的能耗，由于采用预制装配模式，工业化拆卸过程可视为"安装施工阶段"的逆过程，有研究表明，建筑在拆除阶段的能源消耗大约占到施工过程能耗的 90%[181]，本书也将根据这一比例进行测算。

2. 拆卸运输阶段

该阶段拆卸物的形式是多元的，包括各类建筑材料及 PC 构件。其中对于不可回收部分，该阶段的碳排放量主要来自废旧部分运往垃圾处置场过程中的碳排放；对于可回收的建筑材料及 PC 构件，则要考虑其运输至工厂过程中的碳排放。而在碳排放计算中，为简化计算过程并达到预估的目的，可将 PC 构件拆卸物的运输过程视作"PC 构件运输阶段"的逆过程，即"PC 构件拆卸物运输阶段的碳排放量＝PC 构件运输过程碳排放×90%"。

3. 回收阶段

该阶段的研究对象除了传统现浇建造模式下的材料再生利用、循环再利用之外，还包括 PC 构件的再循环、再利用。对于拆卸物考虑了填埋、再利用和再循环三种不同处置方式：

（1）拆卸物若进行填埋，除运输外不涉及其他能耗；

（2）对拆卸物进行再利用，相当于减少了与原材料开采生产相关的能源与物料投入，故可回收蕴含在建材中的全部内含能，但从建筑全生命周期角度分析，可能会增加建筑的部分维护能耗；

（3）若对拆卸物进行再循环处置，可减少原材料的内含能，但也会增加废弃物的处理能耗。

因在材料开采加工阶段碳排放测算中已经考虑其回收系数，因此此处只考虑 PC 构件的回收过程。准确评估 PC 构件拆卸物回收利用的能源效益是一项异常复杂的研究，本书采取简化处理：扣除拆卸物再利用增加的维护能耗后，再利用方式处置拆卸物所获得的能量效益为该建材内含能的 30%；扣除再循环中的处理能耗后，再循环处置拆卸物所获得的能耗效益为该建材内含能的 20%。即采取再利用方式相当于减少了使用全新建材的碳排放的 30%，同理采取再循环方式相当于减少了使用全新建材的碳排放的 20%。而由于 PC 建筑在工厂阶段集成化的生产方式，因此拆卸物中可再利用部分，即在基本不改变制品的原貌，仅简单工序处理后直接回用的比重很大，因此本书在测算时默认对 PC 构件采用再利用处置，相当于减少了使用全新建材的碳排放的 30%[172]。

综上所述，在拆除及回收阶段所产生的碳排放归结至人工、材料、机械这三个要素分析结果如下：

1）人工碳排放

此阶段人工碳排放为因对 PC 建筑进行拆除回收时工人产生的碳排放。

2）材料碳排放

此阶段的材料碳排放为对 PC 建筑的建筑材料拆卸物及 PC 构件拆卸物回收再利用所回收的碳排放。

3）机械碳排放

（1）诸如工人现场拆卸作业运用的手持式电动设备所产生的器具碳排放。

（2）用运输车辆将 PC 建筑建筑材料拆卸物从施工现场运至建筑垃圾处理地所产生的碳排放。

（3）诸如起重机在吊运各类型 PC 构件时产生的机械碳排放。

（4）将 PC 构件由施工现场堆放场地吊装至专用运输车辆时产生的碳排放，即一次垂直运输时产生的碳排放。

（5）将 PC 构件由专用运输车辆吊装至工厂的堆放场地，即二次垂直运输时产生的碳排放。

（6）用专用运输车辆将 PC 构件运至 PC 构件工厂，即水平运输时产生的碳排放。

（7）PC 构件等在构件工厂因搬运而消耗能源所产生的碳排放。

3.4 本 章 小 节

本章初步探索了 PC 建筑碳排放测算的概念、内涵、方法及原则，梳理了 PC 建筑碳排放的概念模型。并在此基础上，针对 PC 建筑碳排放测算的研究，创新性地提出了全过程、全要素、全视角的三维分析模式。应用这种分析模式，对 PC 建筑全生命周期各阶段，即规划设计阶段、构件生产运输阶段、安装施工阶段、使用及维护阶段、拆除及回收阶段内的碳排放情况进行了全面、定性的分析，为后文对 PC 建筑全生命周期碳排放的定量测算打下了坚实的基础。

这种从理论层面出发应用于实际的研究将有助于探索更加完善的 PC 建筑的碳排

放量化方法，为建筑领域的碳排放标准化计算提供理论依据。此外，应用该三维分析模式有利于从建筑全生命周期源头——设计阶段出发，以项目进展过程中的不同参与方——开发商、设计单位、构件生产厂商、建筑方、消费者、物业管理单位等视角，定量分析其碳排放情况，进一步认识 PC 建筑优越的生态效益，以推动建筑产业现代化的发展速度和发展质量。

第 4 章 装配式混凝土建筑碳排放测算方法的选择和应用

4.1 PC 建筑碳排放测算方法比选

在前文理论基础分析和针对 PC 建筑碳排放测算内容的基础上，本节将解决选择什么测算方法才是科学的、系统的，因此本节主要是对 PC 建筑碳排放测算方法进行比选。

4.1.1 PC 建筑碳排放测算方法对比分析

根据前文碳排放测算方法的分析，本书对碳排放系数法中的清单法、信息模型法和数学模型法这三种应用模式进行了对比分析，如表 4-1 所示。

PC 建筑碳排放测算方法对比分析 表 4-1

计算方法	应用方式	特点
清单法	对清单进行补充、选择分析、应用	清单数据库存在时效性差、针对性差，应用时需进行适应性补充和修改
信息模型法	应用诸如 ENVEST、GaBi、BIM、云技术、Athena、eQuest 等软件，或借助 Excel、CAD、Visual Basic 等，开发信息系统和软件	对数据和信息模型的数量、精度要求过高，且目前并没有一套行之有效的自检方法；在运营维护阶段的实际应用效果并没有得到学者们的广泛认可
数学模型法	以清单为基础，构建诸如时空矩阵和线性方程等	原理清晰，操作灵活，可塑性强；专注于系统边界内各单元过程的输入输出清单细节

对以上三种碳排放测算方法的应用方式和特点进行对比分析可以发现，清单法的时效性和针对性较差，且若对 PC 建筑全生命周期碳排放进行测算，需首先在其基础上进行补充设计。而信息模型法则对 PC 建筑全生命周期内的相关数据资料等信息的完整和精确程度提出了很高的要求，且其针对 PC 建筑使用及维护阶段的应用效果并未得到广泛认可。因此，这两种碳排放测算方法并不具备针对 PC 建筑的普遍适用性，同时也不能很好地保证 PC 建筑碳排放测算的准确度和科学性。

数学模型法的计算原理清晰，可塑性强，在测算过程中专注于系统边界内各单元过程的输入输出清单细节，因此所得到的数据详细具体，既可在外部用于不同建筑物之间的碳排放比较，又可在内部直观的分析建筑全生命周期内各个阶段环节的具体情况。因此，为了从三个维度，以不同的视角分析 PC 建筑全生命周期内的碳排放情况，本书将采用数学模型法这种碳排放测算方法。

4.1.2　数学模型法的应用模式分析

在对如何应用数学模型法的分析之中，本书创新性地引入"碳排放池物"的物化模型概念，将 PC 建筑碳排放测算边界内碳源的作用行为所产生的碳排放影响形象化，即为"PC 建筑全生命周期碳排放池"，而经上文分析选中的数学模型法即为对其进行定量测算的工具（图 4-1）。

在针对 PC 建筑全生命周期碳排放进行测算时，需要首先对其各阶段所包含因素，即人工碳源、材料碳源、机械碳源进行识别，进一步确认其分别对碳排放所产生的影响并对其进行量化分析。为此，需要针对不同阶段的碳排放情况，结合数学模型法进行各阶段细部设计。这种测算模型的应用是建立在碳排放系数，即碳排放因子的基础之上的。因此，本书在选择碳排放因子时，参考了大量的相关文

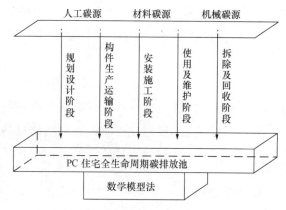

图 4-1　PC 建筑全生命周期碳排放池示意

献资料，包括诸如国家温室气体清单指南（IPCC 2006）等国际权威研究机构发布的数据，中国国家统计局、中国工程院、国家发展和改革委员会能源研究所等国家相关专项研究部门和机构以及国内外高等院校的相关研究成果等。在总结归纳以上参考资料的基础上，本书通过分析计算，对诸多碳排放因子进行了数据的筛选和修正，初步形成了较为完善的 PC 建筑碳排放因子数据库，并应用于下文的 PC 建筑碳排放测算模型的设计之中，以期为全面、定量的认识 PC 建筑全生命周期碳排放量打下科学、合理的基础。

4.2　PC 建筑全生命周期碳排放测算

本书为在 PC 建筑结构设计期限内，应用全生命周期理论，将 PC 建筑全生命周期划分为规划设计、构件生产运输、安装施工、使用及维护阶段和拆除及回收这五个阶段，并分别针对各阶段具体情况对其碳排放进行分析研究，其全生命周期的碳排放计算公式如下所示：

$$C = C_1 + C_2 + C_3 + C_4 + C_5$$

式中　C——PC 建筑全生命周期的碳排放总量（t）；

　　　C_1——规划设计阶段的碳排放量（t）；

　　　C_2——构件生产运输阶段的碳排放量（t）；

　　　C_3——安装施工阶段的碳排放量（t）；

　　　C_4——使用及维护阶段的碳排放量（t）；

　　　C_5——拆除及回收阶段的碳排放量（t）。

4.2.1　规划设计阶段

建筑的地理位置、结构、种类以及施工机械种类、方案等方面的设计对建筑后续阶段的实际碳排放量产生着巨大的影响，但在实地调研与阅读大量文献基础上，PC建筑在设计阶段能耗产生的碳排放量极小，PC 建筑规划设计阶段碳排放量测算如下所示：

$$C_1 = C_{1A} + C_{1B} + C_{1C}$$

式中　C_{1A}——构件规划设计阶段的人工碳排放量（t）；

　　　C_{1B}——构件规划设计阶段的材料碳排放量（t）；

　　　C_{1C}——构件规划设计阶段的机械碳排放量（t）。

1. 人工碳排放

经过对相关文献的研读发现，针对建筑碳排放测算研究鲜有考虑人工碳排放这一因素。根据全球碳计划（Global Carbon Project）2013 年公布的全球人均碳排放数据，中国人均碳排放总量为 7.2t/年（直接、间接生活能源消费碳排放量）。针对 PC 建筑全生命周期内人工生活能源消费情况分析，将每个工日确定以 8 个小时为测算标准，也即人工碳排放系数为 $E_h = 6.58 \times 10^{-3}$ t/d。

$$C_{1A} = C_{1A1} + C_{1A2}$$

式中　C_{1A1}——设计单位的人工碳排放量（t）；

　　　C_{1A2}——开发商的人工碳排放量（t）。

$$C_{1A1} = E_h \times T_{hd} \times N_{hd}$$

式中　E_h——人工碳排放系数（t/d）；

　　　T_{hd}——设计单位人员参与工作天数（d）；

　　　N_{hd}——设计单位参与工作人数（人）。

$$C_{1A2} = E_h \times T_{he} \times N_{he}$$

式中　E_h——人工碳排放系数（t/d）；

　　　T_h——开发商人员参与工作天数（d）；

　　　N_h——开发商参与工作人数（人）。

2. 材料碳排放

PC 建筑的规划设计阶段不涉及直接的材料碳排放，因此不予测算。

3. 机械碳排放

对于 PC 建筑规划设计阶段的机械碳排放测算主要分为以下两部分：

$$C_{1C} = C_{1C1} + C_{1C2}$$

式中　C_{1C1}——设计单位的机械碳排放量（t）；

　　　C_{1C2}——开发商的机械碳排放量（t）。

$$C_{1C1} = \sum_w (P_w \times T_w \times N_w \times E_e) + \sum_r (P_r \times T_r \times N_r \times E_d)$$

$$C_{1C2} = \sum_w (P_w \times T_w \times N_w \times E_e) + \sum_r (P_r \times T_r \times N_r \times E_d)$$

式中　P_w——第 w 种电器的额定功率（kW）；

　　　T_w——第 w 种电器的工作时间（h）；

　　　N_w——第 w 种电器运行数量（台）；

　　　E_e——电力碳排放系数（t/kWh）；

　　　P_r——第 r 种交通工具百公里耗油量（t/100km）；

　　　L_r——第 r 种交通工具的行驶里程（100km）；

　　　N_r——第 r 种交通工具运行数量（台）；

　　　E_d——能源碳排放系数，主要是煤炭、油类、天然气等（t/t）。

上式中常用的电器与交通工具的能源消耗如表 4-2 所示。

PC 建筑规划设计阶段常用机械能源消耗情况　　　　　　　　　表 4-2

机械名称	型号	能源消耗情况
电脑	台式	0.20kW
打印机	台式	1.00kW
照明	吸顶灯	0.05kW
轿车	5 辆	7.00×10^{-3} t/100km

4.2.2　构件生产运输阶段

PC 建筑构件生产运输阶段碳排放量如图 4-2 所示。

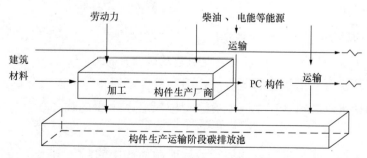

图 4-2　PC 建筑构件生产运输阶段碳排放池示意

由此可得，

$$C_2 = C_{2A} + C_{2B} + C_{2C}$$

式中　C_{2A}——构件生产运输阶段的人工碳排放量（t）；

　　　C_{2B}——构件生产运输阶段的材料碳排放量（t）；

　　　C_{2C}——构件生产运输阶段的机械碳排放量（t）。

1. 人工碳排放

$$C_{2A} = E_h \times T_h \times N_h$$

式中　E_h——人工碳排放系数（t/d）；

　　　T_h——人工参与工作天数，即工期（d）；

　　　N_h——参与工作工人人数（人）。

2. 材料碳排放

建材开采生产阶段碳排放的计算对象是"材料"，与传统建造方式下该阶段的计算方法相类似，其基本原理是"碳排放量＝活动数据×碳排放因子"为基础。建材用量包括钢筋、混凝土等构成建筑的主要材料，也包含施工过程中所用的模板、脚手架等临时周转材料。周转材料不是一次性消耗的，在多个流水过程中使用，因此其碳排放也可考虑多次分摊到各个流水过程中去。经实验性测算发现，分摊至各流水的测算结果与一次性核算结果差距甚微，故为简化计算过程，周转材料不必分摊测算。从 PC 建筑的全生命周期边界范围定义来看，建材的维护更新及回收利用所产生的碳排放将在此处统一进行考虑。

$$C_{2B} = C_{2B1} + C_{2B2}$$

式中　C_{2B1}——因传统现浇工艺所消耗的材料碳排放量（t）；

　　　C_{2B2}——因生产 PC 构件所消耗的材料碳排放量（t）。

$$C_{2B1} = \sum_m (Q_m \times M_m)$$

式中　Q_m——因传统现浇工艺所消耗的第 m 种建材用量（t、m^2、m^3）；

　　　M_m——第 m 种建材的考虑了回收系数的碳排放因子（t/t、t/m^2、t/m^3）。

$$C_{2B2} = \sum_m (Q_m \times m_m)$$

式中　Q_m——因传统现浇工艺所消耗的第 m 种建材用量（t、m^2、m^3）

　　　M_m——第 m 种建材的考虑了回收系数的碳排放因子（t/t、t/m^2、t/m^3）

需要注意的是，本书构建的分析模式中的"要素视角"由人工、材料、机械组成，其中的材料包括水资源。水在生产生活过程中是必不可少的物质，其实它也可以被看作是某种能源。整个用水的过程包括取水、生产、加压、污水处理等各个环节，它的碳排放源主要是各种水处理设备的运行消耗能源而产生的 CO_2 排放。梁磊等人根据实际案例研究，得出了每处理 1t 的水排放 0.8kg CO_2 的结论[119]，本书将会以 $E_w = 8.8 \times 10^{-4}$ t/t 作为测算依据。

表 4-3

建筑材料的回收系数

材料种类	回收率
砖、瓦、陶瓷、石膏、混凝土	0.55
钢筋	0.40
型钢	0.90
铝材	0.95
木材	0.10
玻璃	0.80
金属	0.75
塑料	0.10
焦油、沥青制品	0.75
混合拆迁废料	0.00

由表 4-3 建筑材料回收系数及维护更新系数可对其碳排放因子进行调整修正，并与经过搜集、分析、整理得到的建筑材料碳排放因子进行对比分析，最终确定了各类建筑材料的碳排放因子如表 4-4、表 4-5 所示。

表 4-4

建筑材料的碳排放因子

建筑材料	说明	单位	碳排放因子	建筑材料	说明	单位	碳排放因子
水泥	P.I 52.5	t/t	1.04	钢材	大型型钢	t/t	3.74
	P.O 42.5	t/t	0.92		角钢、钢模	t/t	3.00
	P.S 32.5	t/t	0.68		钢筋、钢丝	t/t	3.00
混凝土	C20（商品混凝土）	t/m³	0.24		热轧带钢	t/t	3.15
	C25（商品混凝土）	t/m³	0.29		冷轧带钢	t/t	3.94
	C30（商品混凝土）	t/m³	0.35		冷轧钢板	t/t	4.52
	C35（商品混凝土）	t/m³	0.38	陶瓷	建筑陶瓷	t/t	0.73
	C40（商品混凝土）	t/m³	0.43		卫生陶瓷	t/t	2.30
	C45（商品混凝土）	t/m³	0.42	砂浆	砌筑混合砂浆	t/m³	0.22
	C50（商品混凝土）	t/m³	0.56		砌筑水泥砂浆	t/m³	0.17
	C60（商品混凝土）	t/m³	0.64		抹灰混合砂浆	t/m³	0.01
砌块	烧结实心黏土砖	t/千块	0.50		抹灰水泥砂浆	t/m³	0.01
	加气混凝土砌块	t/千块	0.42	保温材料	EPS	t/t	17.07
	蒸压灰砂砖	t/千块	0.45		PVC	t/t	8.69
	蒸压粉煤灰砖	t/m³	0.21	石灰	—	t/t	0.46
	轻集料混凝土	t/m³	0.15	石膏	—	t/t	0.21
	粉煤灰硅酸盐	t/m³	0.27	纤维板	—	t/m³	1.80
玻璃	普通平板玻璃	t/t	0.91	砂	—	t/t	0.01
	浮法平板玻璃	t/t	1.30	碎石	—	t/t	0.01
木材	—	t/m³	0.08	涂料	—	t/t	0.89
铜	—	t/t	3.80	沥青	—	t/t	0.02
铝	—	t/t	2.60	防水卷材	SBS	t/m³	0.01
铁	—	t/t	1.47	铝合金门窗	—	t/m³	0.02
岩棉	—	t/t	1.23	油漆	—	t/t	3.60
PVC管材	—	t/t	4.65	水	—	t/t	8.8×10^{-4}

建筑材料密度 表 4-5

建材名称	说明	密度	建材名称	说明	密度
	C15	2.36t/m³	木料		0.44t/m³
	C20	2.37t/m³	水泥砂浆		2.00t/m³
混凝土	C25	2.38 t/m³	砌块	蒸压粉煤灰	3.00t/千块
	C30	2.385 t/m³		烧结黏土砖	3.00t/千块
	C35	2.39 t/m³	保温材料	XPS	0.035t/m³

3. 机械碳排放

构件生产运输阶段的机械碳排放量如下式所示：

$$C_{2C} = C_{2C1} + C_{2C2} + C_{2C3} + C_{2C4} + C_{2C5}$$

式中 C_{2C1}——PC 构件在工厂生产过程的碳排放量（t）；

C_{2C2}——第一次垂直运输的碳排放量（t）；

C_{2C3}——第一次水平运输的碳排放量（t）；

C_{2C4}——第二次垂直运输的碳排放量（t）；

C_{2C5}——其他建筑材料运输的碳排放量（t）。

（1）PC 构件等在工厂阶段的生产、制造、加工过程因消耗能源所产生的碳排放构件生产阶段碳排放量如下式所示：

$$C_{2C1} = \sum_c (T_c \times P_c \times E_e \times N_c) + \sum_d (T_d \times P_d \times E_d \times N_d)$$

式中 T_c——第 c 种施工机械的加工时间（h）；

P_c——第 c 种施工机械机械的额定功率（kw），如表 4-6 所示；

E_e——电力碳排放系数（t/kWh），电网碳排放因子与区域电网覆盖范围如表 4-7、表 4-8 所示；

N_c——第 c 种施工机械运行数量（台）；

T_d——第 d 种施工机械的加工时间（h）；

P_d——第 d 种施工机械单位时间的能源消耗量（t/h）；

E_d——能源碳排放系数，主要是煤炭、油类、天然气等（t/t），如表 4-9 所示；

N_d——第 d 种施工机械运行数量（台）。

PC 建筑构件生产运输阶段常用机械能源消耗情况 表 4-6

机械名称	型号	功率（kW）
龙门吊	WMQH50/12.5	85.00
桥式吊	QD10/5.2	65.00
	QD11/3.2	65.00
	QD16/5	75.00
骨料输送提升式搅拌站	HZS180	130.00
立体养护窑	NU75	30.00
交直流焊机	WSE315P	85.00
钢筋调直机	—	2.50

续表

机械名称	型号	功率（kW）
钢筋切断机	—	2.80
钢筋弯曲机	—	1.60
自动布料机	ZD150	15.00
混凝土输送机	TS23	8.00
振动台	ZW10	1.50
侧翻机	YY75	20.00
模台横移车	HS30	12.00
喷油机	BH38	5.00
抹光机	MP75	15.00
振动赶平机	BH150	18.00
拉毛机	BH10	12.00
成品转运车	KP-201C	7.50
空调	窗式	1.00
电脑	台式	0.20
打印机	台式	1.00

区域电网碳排放因子　　　　　　　　　　　　　　　　表 4-7

电网区域	碳排放因子（t/kWh）
华北区域电网	7.82×10^{-4}
东北区域电网	7.24×10^{-4}
西北区域电网	6.83×10^{-4}
华东区域电网	6.43×10^{-4}
华中区域电网	5.80×10^{-4}
南方区域电网	5.77×10^{-4}
海南电网	7.30×10^{-4}

区域电网覆盖范围　　　　　　　　　　　　　　　　表 4-8

电网区域	覆盖范围
华北区域电网	北京市、天津市、河北省、山东省、山西省、内蒙古自治区
东北区域电网	辽宁省、吉林省、黑龙江省
西北区域电网	陕西省、甘肃省、青海省、宁夏回族自治区、新疆维吾尔自治区
华东区域电网	上海市、浙江省、江苏省、福建省、安徽省
华中区域电网	重庆市、四川省、河南省、湖北省、湖南省、江西省
南方区域电网	广东省、广西回族自治区、云南省、贵州省
海南电网	海南省

数据来源：《省级温室气体清单编制指南（试行）》（国家发展和改革委员会发布）。

化石能源碳排放因子　　　　表 4-9

能源种类	单位	碳排放因子	能源种类	单位	碳排放因子
标准煤	t/t	2.07	燃料油	t/t	3.74
原煤	t/t	1.47	天然气	t/m³	2.36×10^{-3}
焦煤	t/t	2.94	汽油	t/t	3.50
原油	t/t	3.22	航空燃油	t/t	3.53
煤油	t/t	3.26	焦炉煤气	t/m³	8.4×10^{-4}
柴油	t/t	3.67	炼厂干气	t/m³	2.80×10^{-3}
洗精煤	t/t	1.86	液化石油气	t/m³	3.78×10^{-3}

（2）将 PC 构件由工厂的堆放场地吊装至专用运输车辆，即第一次垂直运输时产生的碳排放：

$$C_{2C2} = \sum_b (L_b \times N_b)$$

式中　L_b——第 b 种构件的吊装的碳排放量（t）；

N_b——第 b 种构件的数量（个）。

其中，

$$L_b = E_o \times \sum_b (ME_f \times P_f \times T_f \times N_f)$$

式中　E_o——油料碳排放系数（t/t）；

ME_f——第 f 种吊装机械的耗油率（t/kWh），见表 4-10；

P_f——第 f 种吊装机械的额定功率（kW）；

T_f——第 f 种吊装机械，吊装第 b 种构件所消耗的时间（h）；

N_f——第 f 种吊装机械运行数量（台）。

PC 建筑构件生产运输阶段常用机械能源消耗情况　　　　表 4-10

机械名称	型号	额定功率（kW）	耗油率（t/kWh）
叉车	LG70DT	81	2.31×10^{-4}
叉车	QY8A	105	2.00×10^{-4}

（3）用专用运输车辆将 PC 构件运至施工现场，即第一次水平运输时产生的碳排放：

$$C_{2C3} = \sum_b (T_b \times N_b)$$

式中　L_b——第 b 种构件的运输的碳排放量（t）；

N_b——第 b 种构件的数量（个）。

其中，

$$T_b = E_o \times \sum_b (Q_b \times P_v \times L_v \times N_v)$$

式中　E_o——油料碳排放系数（t/t）；

Q_b——第 b 种构件的质量（t）；

P_v——第 v 种水平运输机械，运载 1t 构件百公里的耗油量 [L/(t·100km)]，如表 4-11 所示；

L_v——第 v 种水平运输机械的水平运输距离（100km）；

N_v——第 v 种水平运输机械运行数量（台）。

PC 建筑构件生产运输阶段常用机械能源消耗情况　　　　　　　表 4-11

机械名称	型号	柴油耗油量［L/(t·100km)］
货车	JC4800	28.60

（4）用运输车辆将其他建筑材料运至施工现场所产生的碳排放。

经过对其他相关研究分析发现，针对建筑材料运输的碳排放量测算思路同 C_{2C2}，如下所示：

$$C_{2C4} = \sum_m (Q_m \times L_m \times E_t)$$

式中　Q_m——第 m 种建材的用量（t）；

L_m——第 m 种建材的运输距离（km）；

E_t——运输碳排放因子［t/(t·km)］，见表 4-12。

不同运输方式对应的碳排放因子　　　　　　　　　　　　　表 4-12

运输方式	碳排放因子［t/(t·km)］
公路运输（汽油）	2.00×10^{-4}
公路运输（柴油）	1.98×10^{-4}
铁路运输	9.13×10^{-6}
水路运输	1.83×10^{-5}
航空运输	1.09×10^{-3}

（5）将 PC 构件由专用运输车辆吊装至施工现场堆放场地的二次搬运，即第二次垂直运输时产生的碳排放。第二次垂直运输即为第一次垂直运输的逆过程，即

$$C_{2C5} = C_{2C2}$$

4.2.3　安装施工阶段

PC 建筑安装施工阶段碳排放量如图 4-3 所示。

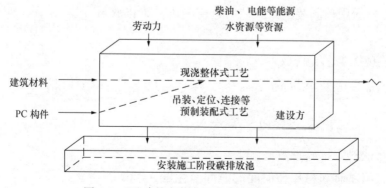

图 4-3　PC 建筑安装施工阶段碳排放池示意

由图 4-3 可得，

$$C_3 = C_{3A} + C_{3B} + C_{3C}$$

式中 C_{3A}——安装施工阶段的人工碳排放量（t）；

C_{3B}——安装施工阶段的材料碳排放量（t）；

C_{3C}——安装施工阶段的机械碳排放量（t）。

1. 人工碳排放

$$C_{3A} = E_h \times T_h \times N_h$$

式中 E_h——人工碳排放系数（t/d）；

T_h——人工参与工作天数，即工期（d）；

N_h——参与工作工人人数（人）。

2. 材料碳排放

此阶段 PC 构件所包含的材料碳排放在构件生产运输阶段碳已经考虑，因此此处不再计算，除此之外，在装配连接过程中的湿式连接时涉及的建筑材料碳排放也忽略不计。因此对于安装施工阶段的材料碳排放仅考虑水资源消耗所产生的碳排放。

$$C_{3B} = Q_w \times E_w$$

式中 Q_{wf}——安装施工阶段自来水用水量（t）；

E_w——水资源碳排放系数（t/t）。

3. 机械碳排放

该阶段的机械碳排放主要集中于因 PC 构件吊装、建筑材料吊运为主的吊运机械碳排放，以及因装配连接、钢筋焊接为主的工具器具碳排放，即分别因传统现浇工艺及预制装配式工艺这两部分而引起的相关机械、器具运行而产生的碳排放。

$$C_{3C} = C_{3C1} + C_{3C2}$$

式中 C_{3C1}——运用传统现浇工艺所造成的机械碳排放量（t）；

C_{3C2}——运用预制装配式工艺所造成的机械碳排放量（t）。

其中：

（1）传统现浇工艺碳排放：

$$C_{3C1} = E_o \times \sum_f (ME_f \times T_f \times N_f) + E_e \times \sum_f (Pf \times T_f \times N_f)$$

$$+ E_e \times \sum_t (P_t \times T_t \times N_t)$$

式中 E_o——油料碳排放系数（t/t）；

ME_f——第 f 种机械单位时间的能源消耗量（t/h）；

T_f——第 f 种机械的运行时间（h）；

N_f——第 f 种机械运行数量（台）；

E_e——电力碳排放系数（t/kWh）；

P_f——第 f 种机械的额定功率（kW）；

T_f——第 f 种机械的运行时间（h）；

N_f——第 f 种机械运行数量（台）；

P_t——第 t 种工具器具的额定功率（kW）；

T_t——第 t 种工具器具的运行时间（h）；

N_t——第 t 种机械运行数量（台）。

（2）预制装配工艺碳排放：

$$C_{3C2} = E_o \times \sum_f (ME_f \times T_f \times N_f) + E_e \times \sum_f (P_f \times T_f \times N_f)$$

$$+ E_e \times \sum_t (P_t \times T_t \times N_t)$$

式中　E_o——油料碳排放系数（t/t）；

ME_f——第 f 种机械单位时间的能源消耗量（t/h），见表 4-13；

T_f——第 f 种机械的运行时间（h）；

N_f——第 f 种机械运行数量（台）；

E_e——电力碳排放系数（t/kWh）；

P_f——第 f 种机械的额定功率（kW）；

T_f——第 f 种机械的运行时间（h）；

N_f——第 f 种机械运行数量（台）；

P_t——第 t 种工具器具的额定功率（kW），如表 4-13 所示；

T_t——第 t 种工具器具的运行时间（h）；

N_t——第 t 种机械运行数量（台）。

PC 建筑安装施工阶段常用机械能源消耗情况　　　　表 4-13

机械名称	型　号	柴油耗油量（t/h）
履带式推土机	75kW	6.75×10^{-3}
自卸式汽车	8t	0.013
挖掘机	HI200	0.015
机械名称	型号	功率（kW）
	QTZ40	35.00
	QTZ63	35.40
塔吊	QTZ80	36.00
	QTZ125	42.40
	QTZ160	62.50
升降机	SCD200/200AJ	21.00
卷扬机	单筒 5t	4.20
电动打夯机	20～60Nm	2.08
混凝土振捣器	插入式	1.50
混凝土振捣器	平板式	2.80

机械名称	型号	功率（kW）
双锥反转混凝土搅拌机	350L	5.44
灰浆搅拌机	400L	1.90
钢筋调直机	—	2.50
钢筋切断机	—	2.80
钢筋弯曲机	—	1.60
直流电焊机	—	32.00
电渣焊机	—	65.00
对焊机	UNL-100	100.00
电动扳手	P18-FF12	0.30
电钻机	JIZ-FF12	0.50
木工圆盘锯	MJ-104C	2.20
手提圆盘锯	DS8-180	1.35
木工平刨床	MB506B	4.00
混凝土输送泵	HBTS60-9	75.00
施工电梯	SC200/200	66.00
施工照明	ZY9-3500	2.00
空调	窗式	1.00
电脑	台式	0.20
打印机	台式	1.00

4.2.4 使用及维护阶段

对于 PC 建筑的维护阶段，也即构件的维护更新，其碳排放合并在构件生产运输阶段以及安装施工阶段一并考虑。故此处仅需对 PC 建筑使用阶段碳排放进行测算。PC 建筑使用及维护阶段碳排放量如图 4-4 所示。

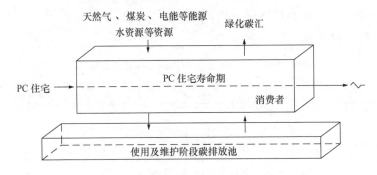

图 4-4　PC 建筑使用及维护阶段碳排放池示意

对于 PC 建筑的使用阶段的碳源，可分为如下三部分，即电能、煤炭及天然气等能源、水资源以及绿化吸碳。由此可得，

$$C_4 = C_{4A} + C_{4B} + C_{4C}$$

式中　C_{4A}——使用及维护阶段的人工碳排放量（t）；

　　　C_{4B}——使用及维护阶段的材料碳排放量（t）；

　　　C_{4C}——使用及维护阶段的机械碳排放量（t）。

1. 人工碳排放

本阶段针对 PC 建筑的消费者和物业管理单位人员的碳排放已由材料碳排放和机械碳排放两个角度衡量，而此阶段因功能置换的 PC 构件在工厂化生产时，工人产生的碳排放也已在构件生产运输阶段进行考虑，故 PC 建筑的使用及维护阶段的人工碳排放为：

$$C_{4A} = 0$$

2. 材料碳排放

使用及维护阶段的材料碳排放量如下式计算。

$$C_{4B} = C_{4B1} + C_{4B2} + C_{4B3}$$

式中　C_{4B1}——消耗天然气、煤炭所产生的碳排放量（t）；

　　　C_{4B2}——消耗水资源所产生的碳排放量（t）；

　　　C_{4B3}——绿化碳汇所吸收的碳排放量（t）。

（1）PC 建筑因消耗煤炭、天然气所产生的碳排放：

$$C_{4B1} = LT \times \Sigma(Q_g \times E_g + Q_c \times E_c)$$

式中　LT——PC 建筑使用寿命（年）；

　　　Q_g——天然气年平均消耗量（m^3/年）；

　　　E_g——天然气碳排放系数（t/m^3）；

　　　Q_c——煤炭年平均消耗量（t/年）；

　　　E_c——煤炭碳排放系数（t/t）。

（2）PC 建筑因消耗水资源所产生的碳排放：

$$C_{4B2} = LT \times Q_{wf} \times E_w$$

式中　LT——PC 建筑使用寿命（年）；

　　　Q_{wf}——PC 建筑使用阶段年平均自来水用水量（t/年）；

　　　E_w——水资源碳排放系数（t/t）。

（3）以 PC 建筑小区的绿化为主体所吸收的碳排放，此处计为负碳排放量：

$$C_{4B3} = -\left(LT_g \times \sum_p (AB_p \times S_p)\right)$$

式中　LT_g——碳汇工作时间（年）；

　　　AB_p——第 p 种类型的绿化单位面积的 CO_2 年平均吸收量 [$t/(m^2 \cdot$ 年)]，见表 4-14；

　　　S_p——第 p 种类型的碳汇面积（m^2）。

不同类型的绿化碳汇吸收因子 表 4-14

碳汇类型	碳吸收因子 [t/(m²·年)]
大小乔木、灌木、花草密植混种	$2.75×10^{-2}$
大小乔木密植混种	$2.25×10^{-2}$
落叶大乔木	$2.02×10^{-2}$
落叶小乔木、针叶木或疏叶性乔木	$1.34×10^{-2}$
密植灌木丛（高约1.25m）	$1.03×10^{-2}$
密植灌木丛（高约0.85m）	$8.15×10^{-3}$
密植灌木丛（高约0.55m）	$5.15×10^{-3}$
野草地（高1m）	$1.15×10^{-3}$
低茎野草（高0.25m）	$3.50×10^{-4}$
人工草坪	0

3. 机械碳排放

在 PC 建筑的使用及维护阶段的机械碳排放测算中，仅考虑因空调等电器及水泵等机械运作所消耗的电能而产生的碳排放，此处分为户内居民用电、公共及物业用电两部分考虑：

$$C_{4C} = C_{4C1} + C_{4C2}$$

式中 C_{4C1}——户内居民使用电器机械造成碳排放量（t）；

C_{4C2}——公共及物业用使用电器机械造成的碳排放量（t）。

其中，

$$C_{4C1} = E_e × \sum_j (P_j × T_j × LT)$$

$$C_{4C2} = E_e × \sum_j (P_j × T_j × LT)$$

式中 E_e——电力碳排放系数（t/kWh）；

P_j——第 j 种电器机械的额定功率（kW）；

T_j——第 j 种电器机械的年运行时间（h/年）；

LT——PC 建筑使用寿命（年）。

4.2.5 拆除及回收阶段

根据前文分析，本阶段的碳排放测算主要分析如下所示：

$$C_5 = C_{5A} + C_{5B} + C_{5C}$$

式中 C_{5A}——拆除及回收阶段的人工碳排放量（t）；

C_{5B}——拆除及回收阶段的材料碳排放量（t）；

C_{5C}——拆除及回收阶段的机械碳排放量（t）。

68

1. 人工碳排放

$$C_{5A} = E_h \times T_h \times N_h$$

式中　E_h——人工碳排放系数（t/d）；

　　　T_h——人工参与工作天数，即工期（d）；

　　　N_h——参与工作工人人数（人）。

2. 材料碳排放

本阶段的材料碳排放为对 PC 构件回收利用所回收的碳排放。因针对 PC 建筑的建材的回收系数已在前文有考虑，故此处只对 PC 构件回收过程的所回收的碳排放进行测算。

$$C_{5B} = - \eta_R \times (C_{2A} + C_{2B2} + C_{2C1} + C_{2C2} + C_{2C3} + C_{2C4})$$

式中　η_R——PC 构件的回收系数，0.3；

　　　$C_{2A} + C_{2B2} + C_{2C1} + C_{2C2} + C_{2C3} + C_{2C4}$——PC 构件生产过程的碳排放量（t）。

3. 机械碳排放

$$C_{5C} = C_{5C1} + C_{5C2}$$

式中　C_{5C1}——拆卸过程的碳排放量（t）；

　　　C_{5C2}——建筑材料、PC 构件拆卸物的运输碳排放量（t）。

（1）对于 PC 建筑拆卸过程的碳排放可由下式计算：

$$C_{5C1} = C_{3C1} \times 10\% + C_{3C2} \times 90\%$$

式中　C_{3C1}——运用传统现浇工艺所造成的机械碳排放量（t）；

　　　C_{3C2}——运用预制装配式工艺所造成的机械碳排放量（t）。

（2）对于 PC 建筑拆卸物运输过程的碳排放可由下式计算：

$$C_{5C2} = C_{5C21} + C_{5C22}$$

式中　C_{5C21}——建筑材料拆卸物运输过程的碳排放量（t）；

　　　C_{5C22}——PC 构件拆卸物运输过程的碳排放量（t）。

其中

$$C_{5C21} = \sum_m (QD_m \times LD_m \times E_t)$$

式中　QD_m——第 m 种建材拆卸物的重量（t）；

　　　LD_m——第 m 种建材拆卸物的运输距离（km）；

　　　E_t——运输碳排放因子 [t/(t·km)]。

$$C_{5C22} = (C_{2C2} + C_{2C3} + C_{2C4}) \times 90\%$$

式中 $C_{2C3} + C_{2C3} + C_{2C3}$——PC 构件运输阶段的碳排放量（t）。

4.3 项目实证分析

4.3.1 项目基本情况

沈阳洪汇园公租房为沈阳市保障性安居工程，该项目位于沈阳市于洪区洪汇路，占地 30532.48m²，总建筑面积 60567.84m²。其中 7 号楼共 17 层，每层 10 户，共计 170 户，总建筑面积 6483.2m²。洪汇园项目 7 号楼的基础及一至三层采用现浇式结构，四层至十七层为装配式结构。该项目三层以上结构装配率近 70%，外墙板采用 320mm 厚的预制保温板，分户内墙为 200mm 厚混凝土预制板，其余内墙采用砌筑形式，矩形梁、叠合板、空调板、楼梯（不含休息平台）采用预制，暗柱、公共部分板、部分梁采用现浇。为了以全过程、全要素、全视角的分析模式，全面、定量地了解 PC 建筑的碳排放情况及特点，本节以沈阳市洪汇园项目 7 号楼为案例分析研究对象，对其碳排放情况进行测算分析。

4.3.2 项目碳排放的测算

1. 规划设计阶段碳排放测算

1）人工碳排放量测算

调研洪汇园项目 7 号楼的设计单位劳动力统计情况可得表 4-15。

规划设计阶段人工碳排放量测算表　　　　　　　　　　表 4-15

工作单位	人工总工日（d）	碳排放因子（t/d）	碳排放量（t）
设计单位	120	6.58×10^{-3}	0.790
开发商	120	6.58×10^{-3}	0.790
合计	—	—	1.580

由此可得，规划设计阶段人工碳排放量 $C_{1A} = C_{1A1} + C_{1A2} = 0.790t + 0.790t = 1.580t$。

2）材料碳排放量测算

因洪汇园项目 7 号楼的规划设计阶段不涉及直接的材料碳排放，因此 $C_{1B} = 0$。

3）机械碳排放量测算

调研洪汇园项目 7 号楼设计单位及开发商的相关机械设备运行情况，可得表 4-16～表 4-18。

规划设计阶段设计单位的机械碳排放量测算表   表 4-16

机械名称	型号	功率（kW）	机械运行时间（h）	数量	能源种类	碳排放因子（t/kWh）	碳排放量（t）
电脑	台式	0.20	200	5	电能	7.24×10^{-4}	0.146
打印机	台式	1.00	100	2	电能	7.24×10^{-4}	0.146
照明	吸顶灯	0.05	200	5	电能	7.24×10^{-4}	0.035
小计	—	—	—	—	—	—	0.327
机械名称	型号	耗油量（t/100km）	机械运行里程（100km）	数量	能源种类	碳排放因子（t/t）	碳排放量（t）
轿车	5 座	7.00×10^{-3}	3	2	汽油	3.50	0.147
合计	—	—	—	—	—	—	0.474

即设计单位的机械碳排放量 $C_{1C1} = 0.461t$。

规划设计阶段开发商的机械碳排放量测算表   表 4-17

机械名称	型号	功率（kW）	机械运行时间（h）	数量	能源种类	碳排放因子（t/kWh）	碳排放量（t）
电脑	台式	0.20	200	10	电能	7.24×10^{-4}	0.292
打印机	台式	1.00	100	4	电能	7.24×10^{-4}	0.292
照明	吸顶灯	0.05	200	10	电能	7.24×10^{-4}	0.070
小计	—	—	—	—	—	—	0.654
机械名称	型号	耗油量（t/100km）	机械运行里程（100km）	数量	能源种类	碳排放因子（t/t）	碳排放量（t）
轿车	5 座	7.00×10^{-3}	10	2	汽油	3.50	0.490
合计	—	—	—	—	—	—	1.144

即开发商的机械碳排放量 $C_{1C2} = 1.144t$。

由此可得，规划设计阶段机械碳排放量 $C_{1C} = C_{1C1} + C_{1C2} = 0.461t + 1.144t = 1.605t$。

规划设计阶段碳排放量测算表   表 4-18

人工碳排放量（t）	材料碳排放量（t）	机械碳排放量（t）	碳排放总量（t）
1.580	0	1.605	3.185

因此，规划设计阶段碳排放量为 $C_1 = C_{1A} + C_{1B} + C_{1C} = 1.580t + 0 + 1.605t = 3.185t$。

2. 构件生产运输阶段碳排放测算

1）人工碳排放量测算

调研 PC 构件预制工厂劳动力统计情况可得表 4-19。

构件生产运输阶段人工碳排放量测算表　　　　　　　　表 4-19

人工总工日（d）	碳排放因子（t/d）	碳排放量（t）
200	6.58×10^{-3}	1.316

由此可得，构件生产运输阶段人工碳排放量 $C_{2A} = 1.316t$。

2）材料碳排放量测算

（1）查阅沈阳市洪汇园项目 7 号楼建筑材料进场资料可得表 4-20。

因传统现浇工艺所消耗的材料碳排放量测算表　　　　　　　　表 4-20

建筑材料	说明	单位	碳排放因子	用量	单位	碳排放量
混凝土	商品混凝土	t/m³	0.35	2058.546	t/m³	720.491
钢材	钢筋、钢丝	t/t	3.00	216.082	t/t	648.246
木材	—	t/m³	0.08	214.821	t/m³	17.186
保温材料	XPS	t/t	17.07	5.055	t/t	86.289
砌体	粉煤灰砖	t/m³	0.21	19.450	t/m³	4.085
屋面防水卷材	SBS	t/m²	0.002	557.555	t/m³	1.115
防水涂料	聚氨酯	t/t	0.89	2.318	t/t	2.063
砂浆	混合砂浆	t/m³	0.01	608.935	t/m³	6.089
外墙涂料	防水涂料	t/t	0.89	8.344	t/t	7.426
电线		t/km	16.85	60.987	t/km	1027.631
穿线管	PVC	t/t	4.65	4.054	t/t	18.851
给水排水管	PPR、UPVC	t/t	4.65	7.300	t/t	33.945
焊接钢管	DN20-150	t/t	3.15	4.424	t/t	13.936
合计	—	—	—	—	—	2587.352

由此可得，因传统现浇工艺所消耗的材料碳排放量 $C_{2B1} = 2587.352t$。

（2）查阅 PC 构件预制工厂的建筑材料进场资料可得表 4-21。

因预制装配式工艺所消耗的材料碳排放量测算　　　　　　　　表 4-21

建筑材料	说明	单位	碳排放因子	用量	单位	碳排放量
混凝土	商品混凝土	t/m³	0.35	2842.754	t/m³	994.964
钢材	钢筋、钢丝	t/t	3.00	298.399	t/t	895.197
保温材料	XPS	t/t	17.07	6.981	t/t	119.166
穿线管	PVC	t/t	4.65	5.599	t/t	26.035
水	—	t/t	8.80×10^{-4}	215.273	t/t	0.189
合计	—	—	—	—	—	2035.551

由此可得，因应用预制装配式工艺生产 PC 构件所造成的材料碳排放量 C_{2B2} =2035.551t。

构件生产运输阶段材料碳排放即为 $C_{2B} = C_{2B1} + C_{2B2} = 2587.352t + 2035.551t$ =4622.903t。

3）机械碳排放量测算

（1）调研 PC 构件预制工厂相关机械设备运行情况可得表 4-22。

PC 构件在工厂生产过程的碳排放量测算表　　　　表 4-22

机械名称	型号	功率 (kW)	机械运行时间 (h)	数量	能源 种类	碳排放因子	碳排放量 (t)
龙门吊	WMQH50/12.5	85.00	20	1	电能	7.24×10^{-4}	1.231
桥式吊	QD11/3.2	65.00	20	1	电能	7.24×10^{-4}	0.941
骨料输送提 升式搅拌站	HZS180	130.00	100	1	电能	7.24×10^{-4}	9.412
立体养护窑	NU75	30.00	40	2	电能	7.24×10^{-4}	1.738
交直流焊机	WSE315P	85.00	100	2	电能	7.24×10^{-4}	12.308
钢筋调直机	—	2.50	100	2	电能	7.24×10^{-4}	0.362
钢筋切断机	—	2.80	100	2	电能	7.24×10^{-4}	0.405
钢筋弯曲机	—	1.60	100	2	电能	7.24×10^{-4}	0.232
自动布料机	ZD150	15.00	100	2	电能	7.24×10^{-4}	2.172
混凝土输送机	TS23	8.00	100	2	电能	7.24×10^{-4}	1.158
振动台	ZW10	1.50	100	2	电能	7.24×10^{-4}	0.217
侧翻机	YY75	20.00	100	2	电能	7.24×10^{-4}	2.896
模台横移车	HS30	12.00	100	2	电能	7.24×10^{-4}	1.738
喷油机	BH38	5.00	100	2	电能	7.24×10^{-4}	0.724
抹光机	MP75	15.00	100	2	电能	7.24×10^{-4}	2.172
振动赶平机	BH150	18.00	100	2	电能	7.24×10^{-4}	2.606
拉毛机	BH10	12.00	100	2	电能	7.24×10^{-4}	1.738
成品转运车	KP-201C	7.50	100	2	电能	7.24×10^{-4}	1.086
空调	窗式	1.00	200	10	电能	7.24×10^{-4}	1.448
电脑	台式	0.20	200	10	电能	7.24×10^{-4}	0.290
打印机	台式	1.00	10	2	电能	7.24×10^{-4}	0.014
合计	—	—	—	—	—	—	44.888

由此可得，PC 构件在工厂生产过程的碳排放量 $C_{2C1} = 44.888$t。

（2）调研 PC 构件预制工厂相关机械设备运行情况可得表 4-23。

第一次垂直运输的碳排放量测算表　　　　表 4-23

机械名称	型号	额定功率 (kW)	耗油率 (t/kWh)	机械运行时间 (h)	数量	能源 种类	碳排放因子 (t/t)	碳排放量 (t)
叉车	LG70DT	81.00	2.31×10^{-4}	20	4	柴油	3.67	5.494
合计	—	—	—	—	—	—	—	5.494

由此可得，第一次垂直运输的碳排放量 $C_{2C2} = 5.494$t。

（3）调研 PC 构件预制工厂相关机械设备运行情况可得表 4-24。

第一次水平运输的碳排放量测算表　　　　表 4-24

机械名称	型号	耗油率 [L/(t·100km)]	载重量 (t)	运输距离 (100km)	数量	能源 种类	碳排放因子 (t/t)	碳排放量 (t)
货车	JC4800	28.60	10	30	2	柴油	3.67	53.531
合计	—	—	—	—	—	—	—	53.531

由此可得，第一次水平运输的碳排放量 $C_{2C3}=53.531\text{t}$。

（4）由前文测算公式可得：

第二次垂直运输的碳排放量 $C_{2C4}=C_{2C2}=5.494\text{t}$。

（5）查阅洪汇园项目 7 号楼现场建筑材料进场资料可得表 4-25。

其他建筑材料运输的碳排放量测算表　　　　　　　表 4-25

建筑材料	说明	建筑用量	单位	重量 (t)	运输距离 (km)	运输方式	碳排放因子 $[\text{t}/(\text{t}\cdot\text{km})]$	碳排放量 (t)
混凝土	商品混凝土	2058.546	m³	4940.510	60	公路运输（柴油）	1.98×10^{-4}	58.693
钢材	钢筋、钢丝	216.082	t	216.082	120	公路运输（柴油）	1.98×10^{-4}	5.134
木材	—	214.821	m³	128.893	200	公路运输（柴油）	1.98×10^{-4}	5.104
保温材料	XPS	5.055	t	5.055	100	公路运输（柴油）	1.98×10^{-4}	0.100
砌体	粉煤灰砖	19.450	m³	11.670	100	公路运输（柴油）	1.98×10^{-4}	0.231
屋面防水卷材	SBS	557.555	m²	1.171	200	公路运输（柴油）	1.98×10^{-4}	0.046
防水涂料	聚氨酯	2.318	t	2.318	200	公路运输（柴油）	1.98×10^{-4}	0.092
砂浆	混合砂浆	608.935	m³	1217.870	100	公路运输（柴油）	1.98×10^{-4}	24.114
外墙涂料	防水涂料	8.344	t	8.344	80	公路运输（柴油）	1.98×10^{-4}	0.132
电线	—	60.987	km	1.202	150	公路运输（柴油）	1.98×10^{-4}	0.036
穿线管	PVC	4.054	t	4.054	150	公路运输（柴油）	1.98×10^{-4}	0.120
给水排水管	PPR、UPVC	7.300	t	7.300	150	公路运输（柴油）	1.98×10^{-4}	0.217
焊接钢管	DN20-150	4.424	t	4.424	150	公路运输（柴油）	1.98×10^{-4}	0.131
合计	—	—	—	—	—	—	—	94.151

由此可得，其他建筑材料运输的碳排放量 $C_{2C5}=94.151\text{t}$。

构件生产运输阶段机械碳排放即为 $C_{2C}=C_{2C1}+C_{2C2}+C_{2C3}+C_{2C4}+C_{2C5}=44.888\text{t}+5.494\text{t}+53.531\text{t}+5.494\text{t}+94.151\text{t}=203.558\text{t}$。

构件生产运输阶段碳排放如表 4-26 所示。

构件生产运输阶段碳排放量测算表　　　　　　　表 4-26

人工碳排放量（t）	材料碳排放量（t）	机械碳排放量（t）	碳排放总量（t）
1.316	4622.903	203.558	4827.777

因此，构件生产运输阶段碳排放量为 $C_2=C_{2A}+C_{2B}+C_{2C}=4827.777\text{t}$。

3. 安装施工阶段碳排放测算

1）人工碳排放量测算

查阅洪汇园项目 7 号楼安装施工现场劳动力统计情况可得表 4-27。

安装施工阶段人工碳排放量测算表　　　　　　　表 4-27

人工总工日（d）	碳排放因子（t/d）	碳排放量（t）
2000	6.58×10^{-3}	13.16

由此可得，安装施工阶段人工碳排放量 $C_{3A}=13.16t$。

2）材料碳排放量测算

查阅洪汇园项目 7 号楼安装施工现场水资源使用情况可得表 4-28。

安装施工阶段消耗水资源碳排放量测算表　　　　表 4-28

水资源用量	单位	碳排放因子（t/t）	碳排放量（t）
252.521	t	8.8×10^{-4}	0.222

由此可得，安装施工阶段材料碳排放量 $C_{3B}=0.222t$。

3）机械碳排放量测算

（1）调研洪汇园项目 7 号楼安装施工现场相关机械设备运行情况可得表 4-29。

运用传统现浇工艺所造成的机械碳排放量测算表　　　　表 4-29

机械名称	型号	柴油耗油量（t/h）	机械运行时间（h）	数量	能源种类	碳排放因子（t/t）	碳排放量（t）
履带式推土机	75kW	6.75×10^{-3}	10	2	柴油	3.67	0.49545
挖掘机	HI200	0.015	20	2	柴油	3.67	2.202
自卸式汽车	8t	0.013	20	2	柴油	3.67	1.9084
小计	—					—	4.606

机械名称	型号	功率（kW）	机械运行时间（h）	数量	能源种类	碳排放因子（t/kWh）	碳排放量（t）
塔吊	QTZ80	36.00	300	1	电能	7.24×10^{-4}	7.819
升降机	SCD200/200AJ	21.00	300	1	电能	7.24×10^{-4}	4.561
电动打夯机	20-60Nm	2.08	6	2	电能	7.24×10^{-4}	0.018
混凝土振捣器	插入式	1.50	10	6	电能	7.24×10^{-4}	0.065
灰浆搅拌机	400L	1.90	200	1	电能	7.24×10^{-4}	0.275
钢筋调直机	—	2.50	25	1	电能	7.24×10^{-4}	0.045
钢筋切断机	—	2.80	25	1	电能	7.24×10^{-4}	0.051
钢筋弯曲机	—	1.60	25	1	电能	7.24×10^{-4}	0.029
直流电焊机	—	32.00	12	5	电能	7.24×10^{-4}	1.390
电渣焊机	—	65.00	12	5	电能	7.24×10^{-4}	2.824
电动扳手	P18-FF12	0.30	200	20	电能	7.24×10^{-4}	0.869
电钻机	JIZ-FF12	0.50	100	20	电能	7.24×10^{-4}	0.724
圆盘锯	DS8-180	1.35	50	10	电能	7.24×10^{-4}	0.489
混凝土输送泵	HBTS60-9	75.00	50	1	电能	7.24×10^{-4}	2.715
施工照明	ZY9-3500	2.00	200	50	电能	7.24×10^{-4}	14.480
空调	窗式	1.00	500	10	电能	7.24×10^{-4}	3.620
计算机	台式	0.20	500	40	电能	7.24×10^{-4}	2.896
打印机	台式	1.00	100	10	电能	7.24×10^{-4}	0.724
小计	—	—				—	43.594
合计	—	—				—	48.200

由此可得，运用传统现浇工艺所造成的机械碳排放量 $C_{3C1}=48.200$t。

（2）调研洪汇园项目 7 号楼安装施工现场相关机械设备运行情况可得表 4-30。

运用预制装配式工艺所造成的机械碳排放量　　　　　表 4-30

机械名称	型号	功率 (kW)	机械运行时间 (h)	数量	能源种类	碳排放因子 (t/kWh)	碳排放量 (t)
塔吊	QTZ80	36.00	100	1	电能	7.24×10^{-4}	2.085
升降机	SCD200/200AJ	21.00	100	1	电能	7.24×10^{-4}	1.520
电动扳手	P18-FF12	0.30	250	20	电能	7.24×10^{-4}	1.086
电钻机	JIZ-FF12	0.50	100	20	电能	7.24×10^{-4}	0.724
混凝土输送泵	HBTS60-9	75.00	25	1	电能	7.24×10^{-4}	1.358
施工照明	ZY9-3500	2.00	100	50	电能	7.24×10^{-4}	7.240
空调	窗式	1.00	300	10	电能	7.24×10^{-4}	2.172
计算机	台式	0.20	300	40	电能	7.24×10^{-4}	1.738
打印机	台式	1.00	100	10	电能	7.24×10^{-4}	0.724
合计	—	—	—	—	—	—	18.647

由此可得，运用预制装配式工艺所造成的机械碳排放量 $C_{3C2}=18.647$t。

因此，安装施工阶段机械碳排放量 $C_{3C}=C_{3C1}+C_{3C2}=48.200$t $+18.647$t $=66.846$t。

安装施工阶段机械碳排量如表 4-31 所示。

安装施工阶段碳排放量测算表　　　　　表 4-31

人工碳排放量（t）	材料碳排放量（t）	机械碳排放量（t）	碳排放总量（t）
13.16	0.222	66.846	80.228

因此，安装施工阶段碳排放量为 $C_3=C_{3A}+C_{3B}+C_{3C}=80.228$t。

4. 使用及维护阶段碳排放测算

1）人工碳排放量测算

由前文测算模型可知，使用及维护阶段人工碳排放将由材料碳排放和机械碳排放代替衡量，故洪汇园项目 7 号楼使用及维护阶段的人工碳排放为 $C_{4A}=0$。

2）材料碳排放量测算

（1）调研洪汇园项目 7 号楼使用阶段相关资料数据可得表 4-32。

使用及维护阶段消耗天然气、煤炭所产生的碳排放量测算表　　　　　表 4-32

资源名称	资源年平均用量	建筑使用寿命（年）	碳排放因子	碳排放量（t）
天然气	18645.600m³	50	2.36×10^{-3}t/m³	2200.181
煤炭	220.673t	50	2.07t/t	22839.626
合计	—	—	—	25039.809

即消耗天然气、煤炭所产生的碳排放量 $C_{4B1} = 25039.809$t。

（2）调研洪汇园项目 7 号楼使用阶段相关资料数据可得表 4-33。

使用及维护阶段消耗水资源所产生的碳排放量测算表

表 4-33

年平均水资源用量 （t）	建筑使用寿命 （年）	碳排放因子 （t/t）	碳排放量 （t）
31180.125	50	8.8×10^{-4}	1371.926

即消耗水资源所产生的碳排放量 $C_{4B2} = 1371.926$t。

（3）调研洪汇园项目 7 号楼使用阶段相关资料数据可得表 4-34。

使用及维护阶段绿化碳汇所吸收的碳排放量测算表

表 4-34

碳汇类型	碳汇面积 （m²）	碳汇吸收时间 （年）	碳吸收因子 [t/(m²·年)]	碳汇吸收量 （t）
大小乔木、灌木、花草密植混种	200	50	2.75×10^{-2}	−275.000
大小乔木密植混种	200	50	2.25×10^{-2}	−225.000
密植灌木丛（高约0.55m）	400	50	5.15×10^{-3}	−1030.000
合计	—	—	—	−1530.000

即绿化碳汇所吸收的碳排放量 $C_{4B3} = -1530.000$t。

因此，使用及回收阶段材料碳排放量 $C_{4B} = C_{4B1} + C_{4B2} + C_{4B3} = 763521.168$t $+ 1371.926$t $- 1530.000$t $= 763363.094$t。

3）机械碳排放量测算

（1）调研洪汇园项目 7 号楼使用阶段相关资料数据可得表 4-35。

使用及维护阶段户内居民使用电器机械造成碳排放量测算表

表 4-35

户内居民年平均电量 （kWh）	建筑使用寿命 （年）	碳排放因子 （t/kWh）	碳排放量 （t）
306192.090	50	7.24×10^{-4}	11084.154

故户内居民使用电器机械造成碳排放量 $C_{4C1} = 11084.154$t。

（2）调研洪汇园项目 7 号楼使用阶段相关资料数据可得表 4-36。

使用及维护阶段公共及物业用使用电器机械造成碳排放量测算表

表 4-36

公共及物业年平均电量 （kWh）	建筑使用寿命 （年）	碳排放因子 （t/kWh）	碳排放量 （t）
82360.250	50	7.24×10^{-4}	2981.441

故公共及物业用使用电器机械造成的碳排放量 $C_{4C2} = 2981.441$t。

因此，使用及维护阶段机械碳排放量 $C_{4C} = C_{4C1} + C_{4C2} = 11084.154$t $+ 2981.441$t $= 14065.595$t。

使用及维护阶段碳排放量测算见表 4-37。

表 4-37

使用及维护阶段碳排放量测算表

人工碳排放量（t）	材料碳排放量（t）	机械碳排放量（t）	碳排放总量（t）
0	24881.735	14065.595	38947.330

因此，使用及维护阶段碳排放量为

$$C_4 = C_{4A} + C_{4B} + C_{4C} = 0 + 24881.735t + 14065.595t = 38947.330t。$$

5. 拆除及回收阶段碳排放测算

1）人工碳排放量测算

对洪汇园项目 7 号楼拆除阶段劳动力进行推测分析可得表 4-38。

表 4-38

拆除及回收阶段人工碳排放量测算表

人工总工日（d）	碳排放因子（t/d）	碳排放量（t）
300	6.58×10^{-3}	1.974

由此可得，拆除及回收阶段人工碳排放量 $C_{5A} = 1.974t$。

2）材料碳排放量测算

由前文可知，对于洪汇园项目 7 号楼，此阶段材料碳排放量为 PC 构件回收碳排放量，即

$$
\begin{aligned}
C_{5C3} &= \eta_R \times (C_{2A} + C_{2B2} + C_{2C1} + C_{2C2} + C_{2C3} + C_{2C4}) \\
&= 0.3 \times (1.316t + 2035.551t + 44.888t + 5.494t + 53.531t + 5.494t) \\
&= 643.883t。
\end{aligned}
$$

由此可得，拆除及回收阶段材料碳排放量 $C_{5B} = -643.883t$。

3）机械碳排放量测算

（1）由前文测算公式可得：

拆卸过程的碳排放量 $C_{5C1} = C_{3C1} \times 10\% + C_{3C2} \times 90\% = 48.200t \times 10\% + 18.647t \times 90\% = 4.820t + 16.782t = 21.602t。$

（2）调研洪汇园项目 7 号楼及建筑材料拆卸物处理地的相关资料可得表 4-39。

表 4-39

其他建筑材料拆卸物运输的碳排放量测算表

建筑材料	说明	建筑用量	重量（t）	运输距离（km）	运输方式	碳排放因子 $[t/(t \cdot km)]$	碳排放量（t）
混凝土	商品混凝土	2058.546m³	4940.510	30	公路运输（柴油）	1.98×10^{-4}	29.347
钢材	钢筋、钢丝	216.082t	216.082	30	公路运输（柴油）	1.98×10^{-4}	1.284
木材	—	214.821m³	128.893	30	公路运输（柴油）	1.98×10^{-4}	0.766
保温材料	XPS	5.055t	5.055	30	公路运输（柴油）	1.98×10^{-4}	0.030
砌体	粉煤灰砖	19.450m³	11.670	30	公路运输（柴油）	1.98×10^{-4}	0.069

续表

建筑材料	说明	建筑用量	重量 (t)	运输距离 (km)	运输方式	碳排放因子 [t/(t·km)]	碳排放量 (t)
屋面防水卷材	SBS	557.555m²	1.171	30	公路运输（柴油）	1.98×10⁻⁴	0.007
防水涂料	聚氨酯	2.318t	2.318	30	公路运输（柴油）	1.98×10⁻⁴	0.014
砂浆	混合砂浆	608.935m³	1217.870	30	公路运输（柴油）	1.98×10⁻⁴	7.234
外墙涂料	防水涂料	8.344t	8.344	30	公路运输（柴油）	1.98×10⁻⁴	0.050
电线		60.987km	1.202	30	公路运输（柴油）	1.98×10⁻⁴	0.007
穿线管	PVC	4.054t	4.054	30	公路运输（柴油）	1.98×10⁻⁴	0.024
给水排水管	PPR、UPVC	7.300t	7.300	30	公路运输（柴油）	1.98×10⁻⁴	0.043
焊接钢管	DN20-150	4.424t	4.424	30	公路运输（柴油）	1.98×10⁻⁴	0.026
合计	—	—	—	—	—	—	38.900

由此可得，建筑材料拆卸物运输过程的碳排放量 $C_{5C21}=38.900$t。

而 PC 构件拆卸物运输过程的碳排放量 $C_{5C22}=（C_{2C2}+C_{2C3}+C_{2C4}）\times 90\%=$
（5.494t+53.531t+5.494t）$\times 90\%=58.067$t。

故 PC 建筑拆卸物运输过程的碳排放 $C_{5C2}=C_{5C21}+C_{5C22}$
$$=38.900t+58.067t=96.967t。$$

由此可得，拆除及回收阶段机械碳排放量 $C_{5C}=C_{5C1}+C_{5C2}-C_{5C3}$
$$=21.602t+96.967t=118.569t。$$

拆除及回收阶段碳排放量测算如表 4-40 所示。

拆除及回收阶段碳排放量测算表　　　　表 4-40

人工碳排放量（t）	材料碳排放量（t）	机械碳排放量（t）	碳排放总量（t）
1.974	−643.883	118.569	−523.340

故安装施工阶段碳排放量为 $C_5=C_{5A}+C_{5B}+C_{5C}$
$$=1.974t-643.883t+118.569t=-523.340t。$$

4.3.3　碳排放测算结果分析

1. 各阶段碳排放计算结果分析

由上文针对沈阳市洪汇园项目 7 号楼全生命周期内各阶段的碳排放测算结果，统计为表 4-41、图 4-5。

沈阳市洪汇园项目 7 号楼碳排放量测算表　　　　表 4-41

全生命周期阶段	人工碳排放量 (t)	材料碳排放量 (t)	机械碳排放量 (t)	碳排放总量 (t)	比例 (%)
规划设计阶段	1.580	0	1.605	3.185	0.007
构件生产运输阶段	1.316	4622.903	203.558	4827.777	11.141

续表

全生命周期阶段	人工碳排放量 (t)	材料碳排放量 (t)	机械碳排放量 (t)	碳排放总量 (t)	比例 (%)
安装施工阶段	13.160	0.222	66.846	80.228	0.185
使用及维护阶段	0	24881.735	14065.595	38947.330	89.875
拆除及回收阶段	1.974	-643.883	118.569	-523.340	-1.208
合计	18.030	28860.977	14456.173	43335.180	100.000
比例（%）	0.042	66.599	33.359	100.000	—

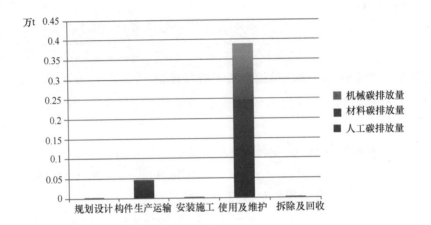

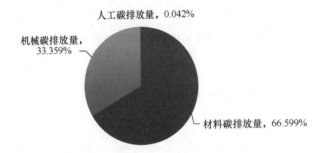

图 4-5 沈阳市洪汇园项目 7 号楼碳排放量示意图

由此可见在沈阳市洪汇园项目 7 号楼的全生命周期中，使用及维护阶段的碳排放量最高，占 89.875%；其次是构件生产运输阶段，拆除报废阶段、安装施工阶段和规划设计阶段碳排放量相对较少。本次案例分析的研究对象沈阳市洪汇园项目 7 号楼建筑面积为 6483.2m²，建筑设计使用年限为 50 年，据此可知沈阳市洪汇园项目 7 号楼的碳排放指标为 133.685kg/（m²·年）。

2. 各参与的碳排放计算结果分析

从全视角维度对沈阳市洪汇园项目 7 号楼的碳排放量情况进行分析，是为了保证 PC 建筑碳排放测算体系视角覆盖的全面性，是能够进一步定量、全面认识其碳排放情况的前提。故从沈阳市洪汇园项目 7 号楼产业链上各方视角出发，对其碳排放量进行测算。

开发商碳排放量

$=C_{1A2}+C_{1C2}=0.790t+1.144t=1.934t$。

设计单位碳排放量

$=C_{1A1}+C_{1C1}=0.790t+0.461t=1.251t$。

构件生产厂商碳排放量

$=C_{2A}+C_{2B2}+C_{2C1}+C_{2C2}+C_{2C3}+C_{2C4}+C_{5B}+C_{5C22}=1.316t+2035.551t+44.888t+5.494t+53.531t+5.494t-643.883t+58.067t=1560.458t$。

建设方碳排放量

$=C_{2B1}+C_{2C5}+C_{3A}+C_{3B}+C_{3C}+C_{5A}+C_{5C1}+C_{5C21}=2587.352t+94.151t+13.16t+0.222t+66.846t+1.974t+21.602t+38.900t=2824.207t$。

消费者碳排放量

$=C_{4B1}+C_{4B2}+C_{4C1}=25039.809t+1371.926t+11084.154t=37495.890t$。

物业管理单位碳排放量

$=C_{4B3}+C_{4C2}=-1530.000t+2981.441t=2051.866t$。

沈阳市洪汇园项目 7 号楼碳排放量分析表　　　　　　　　　表 4-42

视角类型	碳排放测算公式	碳排放总量（t）	比例（%）
开发商	$C_{1A2}+C_{1C2}$	1.934	0.004
设计单位	$C_{1A1}+C_{1C1}$	1.251	0.003
构件生产厂商	$C_{2A}+C_{2B2}+C_{2C1}+C_{2C2}+C_{2C3}+C_{2C4}+C_{5B}+C_{5C22}$	1560.458	3.552
建设方	$C_{2B1}+C_{2C5}+C_{3A}+C_{3B}+C_{3C}+C_{5A}+C_{5C1}+C_{5C21}$	2824.207	6.428
消费者	$C_{4B1}+C_{4B2}+C_{4C1}$	37495.890	85.343
物业管理单位	$C_{4B3}+C_{4C2}$	2051.866	4.670
合计	—	43335.180	100

沈阳市洪汇园项目 7 号楼碳排量分析见表 4-42、图 4-6。

由此可见，以沈阳市洪汇园项目 7 号楼为案例从其产业链上各方视角进行分析，消费者所产生的碳排放量最高，占 85.343%。其次分别为建设方、构件生产厂商和物业管理单位，开发商和设计单位的碳排放量相对较少。

3. 碳排放计算结果的深化分析

经过对沈阳市洪汇园项目 7 号楼的案例实证分析可以发现：

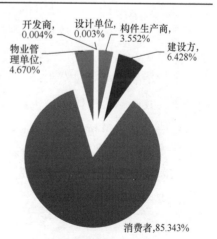

图 4-6　沈阳市洪汇园项目 7 号楼
碳排放量分析图

（1）与传统现浇整体式住宅相比，PC 建筑全生命周期的碳排放周期发生了分散，由传统的施工阶段分散至了构件生产运输阶段和安装施工阶段；同时，PC 建筑全生命周期的碳排放主体也发生了转移，从建设方有效地转移到了构件生产厂商。而对于构件生产工厂来说，这种产业化的"工厂制造建筑"的新模式具有巨大的经济效益和生态效益：其不仅有助于自身通过规模效益而发展形成不断扩大的经营规模，这将为构件生产厂商不断地积累经济效益。而与此同时，这种新模式也能够减少碳排放，充分发挥 PC 建筑"四节一环保"的生态效益，对整个 PC 建筑产业链，乃至整个社会的生态效益有着巨大的促进作用。

（2）将 PC 建筑产业链上的开发商、设计单位、构件生产厂商、建设方、消费者、物业管理单位等不同视角进行深入探究可发现，在 PC 建筑的全生命周期内的众多碳排放主体中，消费者产生了最多的碳排放量，其贡献的碳排放量占全生命周期总量的85.343%，也即消费者是 PC 建筑碳排放最大的创造者。该分析结论使评价结果在 PC 建筑的市场和目标之间建立了一定的联系，为后续的决策和判断提供了科学的依据。因此，如若进一步探求碳排放相关责任分担、利益分配等更深层次的问题时，根据对 PC 建筑碳排放的责任划分，消费者理应成为碳排放责任的首要承担者。

4.4 本 章 小 结

本章首先对建筑碳排放测算方法进行了适应性分析，结合本书对 PC 建筑全生命周期碳排放测算的要求决定选用数学模型法作为测算方法。在第三章 PC 建筑全生命周期内各阶段的碳排放测算内容分析的基础上，根据规划设计阶段、构件生产运输阶段、安装施工阶段、使用及维护阶段、拆除及回收阶段这五个阶段的特点，应用数学模型法，分别建立了碳排放测算数学模型，并确定了相关建筑材料和能源的数据清单等。然后对采用 PC 施工技术的沈阳市洪汇园项目 7 号楼的全生命周期碳排放进行测算，量化认识了其生态效益，发现在其全生命周期内，使用及维护阶段的碳排放量所占比重最大，为 89.875%。且相较于传统现浇整体式建筑，其碳排放周期发生了分散，由传统的施工阶段分散至了构件生产运输阶段及安装施工阶段。并在此基础上，进一步将其归结至沈阳市洪汇园项目 7 号楼的产业链上各方，即设计单位、构件生产厂商、建设方、材料设备供应商、消费者、物业管理单位、开发商等视角分析，发现在其众多的碳排放主体中，消费者制造了绝大部分的碳排放量，占排放总量的85.343%。该案例分析结果可为探求碳排放相关责任分担、利益分配等更深层次的问题提供理论的依据。

第 5 章　装配式混凝土建筑激励机理分析及因果关系图建立

5.1　PC 建筑激励的必要性分析

对 PC 建筑进行激励的原因应从内因与外因两方面分析，与传统建筑相比，PC 建筑成本高于传统建筑，经济效益不具优势导致 PC 建筑开发内动力不足，从而制约了其环境效益与社会效益的发挥。在 PC 建筑发展过程中，内部发展动力不足，又缺乏外部推动力，PC 建筑的发展定会停滞不前。

5.1.1　PC 建筑发展内动力不足

PC 建筑的建安成本高于传统建筑，导致开发商缺乏积极性，无法形成良好的市场竞争机制，因此无法依托市场的内部调节带动 PC 建筑快速发展。

1. 成本分析

从成本分析来看，各位专家学者所讨论的 PC 建筑的增量成本指的是 PC 建筑的建安增量成本，因 PC 建筑是节能环保的新型建筑，其能耗成本的降低是显著的，所以 PC 建筑的日常维护成本要低于现浇式建筑，经过综合分析比较，PC 建筑的建造成本要高于传统建筑模式，使用成本少于传统建筑模式[173]。因此从全寿命周期的视角来看，PC 建筑的增量成本是不存在的，而且随着 PC 建筑技术的逐步完善、质量的不断提升、产业链布局的不断优化以及人工成本费用的逐年上升，PC 建筑的成本优势将会凸显，其成本将会低于现浇式建筑。但目前 PC 建筑的实际成本仍高居不下，一方面是构件生产中的折旧和摊销员用较高，另一方面是施工技术仍不成熟，吊装设备和构件运输设备仍需进一步研发以适应构件运输和施工的需要，故施工成本相较现浇建筑也没有优势可言。成本高是限制 PC 建筑市场推广的主因。

2. 市场动力机制分析

市场动力机制是指各个经济主体在对其经济利益的追求过程中形成的促动机制，市场内动力按照动力的来源可分为利益和竞争两种：利益是市场运行的原动力。市场运行是利益追逐的过程，在利益追逐的过程中伴随着竞争，与传统建筑相比，PC 建筑在成本上不具竞争力。根据优胜劣汰的竞争法则，PC 建筑要生存、发展必须调整发展模式，提升竞争力，使企业自身不断得到优化。否则在长期的市场竞争模式下，必然会被淘汰。

基于利益与竞争这两种发展内动力对 PC 建筑发展内动力不足的原因进行分析可知，PC 建筑的开发建设会减轻资源环境的压力，PC 建筑的建造成本高于传统建筑，

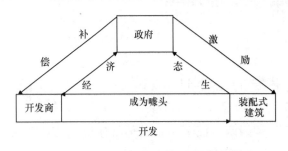

图 5-1　开发商开发传统建筑恶性循环环路

成本高也就意味着售价要高，然而消费者在购买房子时会更加青睐售价更低的传统建筑，降低售价，开发商的利润就会减少，根据利益驱动原则，开发商开发 PC 建筑的动力不足，会选择开发非 PC 建筑，从而形成了一种恶性循环，PC 建筑成为一种噱头（图 5-1），解决这个问题需要政府来支持 PC 建筑的发展，为其提供足够的激励政策，使开发商开发 PC 建筑的利益大于开发传统建筑的利益。

5.1.2　PC 建筑发展缺乏外推力

市场在调节 PC 建筑发展过程中出现了失灵现象，需要施加外力增强市场内动力，政府是完善市场动力机制的强大外推力，政府需在 PC 建筑市场运行中找准时机，挖掘作用点，施加外推力。根据各类建筑发展模式的特点，重新调整市场利益关系。建立一套完整的 PC 建筑激励机制，确定合理的激励标准，有利于充分调动开发商的热情和积极性，开发商渐渐倾向于开发 PC 建筑，PC 建筑获得长足发展，进而带动 PC 建筑结构调整，经济效益与环境效益显著提高。通过市场竞争，成本低、功能强、质量好的 PC 建筑就被挑选出来，政府对于 PC 建筑的激励额度随着市场竞争不断缩减。由此形成良性循环（图 5-2），最终，

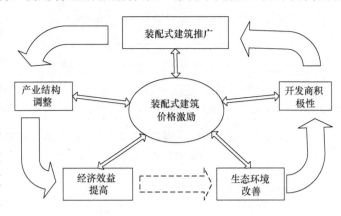

图 5-2　激励在 PC 建筑发展中的作用机理

PC 建筑竞争力不断提升，PC 建筑得到更好的发展[174]。

PC 建筑与传统建筑模式相比，发展会面临多方面的压力，批用土地费用，新建厂房，新购设备，技术研发、建筑安装等费用会导致 PC 建筑的建造费用高于传统建筑，PC 建筑虽然具有环保节能等方面的优势，但价格偏高一直是困扰着 PC 建筑发展的难

题，如何达到 PC 建筑与传统建筑成本持平甚至低于传统建筑成本这一目标，需要多方共同努力。政府作为推广 PC 建筑发展的引导者，需制定合理的激励机制，而就当前情况来看，政府对 PC 建筑的激励由于激励资金来源与激励方式的限制并没有达到调动开发商积极性，推动 PC 建筑发展的效果。

5.1.3　PC 建筑效益没有得到正确衡量

PC 建筑的经济性，可以更多地用效益去衡量，其效益主要包括经济效益、环境效益以及社会效益三大部分，较传统的建造方式而言，PC 建筑的建造方式改变了建筑业粗放的生产方式，具有"四节一环保"的特性，生态效益显著。PC 建筑是在工厂生产构件，施工现场进行安装，这样的生产方式改善了工人的作业环境，降低了事故发生率，提高了生产效率，具有明显的社会效益。从全寿命周期的视角来看，PC 建筑只是在建设安装阶段成本较高，而后期的维护成本较低，相比传统现浇式建筑，具有经济效益。

然而由于环境保护费用难以计量，碳排放交易市场还未成熟，所以 PC 建筑的生态效益与社会效益没有得到正确衡量。另外，由于消费者固有的思维观念，只关心购房时的房价，而较少关心后期使用阶段的费用，因此 PC 建筑具有生态、经济社会效益，但并未得到正确衡量。

经济效益的大小决定了 PC 建筑产业链中各个环节的利益主体是否会主动加入到 PC 建筑的开发建设中，如果开发建设 PC 建筑要比开发建设其他建筑带来更大的利润，那么不论政府是否会采取相应的激励，相关利益主体也会投身到 PC 建筑的开发建设中；如果开发 PC 建筑不能给相关利益主体带来更大的利润，政府对其采取的激励政策的激励额度是影响其积极性的关键因素。激励政策的反馈效果是政府决定是否对其进行激励的依据，只有当激励产出大于投入时，政府才会对其进行激励，而且激励额度的大小与政府的财政能力相关（图 5-3）。

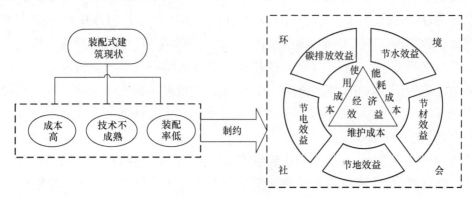

图 5-3　PC 建筑激励机理图

5.2 PC 建筑激励机理分析

基于查阅文献、实地调研分析以及咨询相关专家，将影响 PC 建筑效益的因素全面收集起来进行影响因子识别，本书是围绕政府政策、利益、竞争三个方面来考虑的。

5.2.1 政府政策影响因素分析

当传统建筑产业的低效率造成社会有效资源的浪费和行业发展危害时，政府这双"无形的手"应合理运用经济管理和宏观调控的手段助力建筑产业升级，出台相应政策措施扶持 PC 建筑发展；当 PC 建筑得到市场认可后，政府应当充分尊重市场自身的运行规律，寻找政策作用于市场的最佳时机，当时机成熟后，政府要停止对市场的干预，一方面引导市场，增强市场动力，另一方面，要适度引导，不可过度干预，在合理范围内使市场充分利用其供求、价格自发调节和自由竞争的特点，让市场形成一种良性竞争、自我管理的有序状态，从而不断提升 PC 建筑的效率和产品质量。

目前，PC 建筑的发展仍然处于起步阶段。政府作为带领者、引导者，必须对市场进行引导，从外部对 PC 建筑施加一定的初始推动力，即在政策制定方面引导，推动 PC 建筑的发展，政府可通过税收优惠、降低土地出让金、奖励建筑面积、科研经费补贴等方式对 PC 建筑市场施加外力，推动其发展，作用对象和推动时机是我们研究的重点[160]。

5.2.2 竞争影响因素分析

竞争有利于推动提升 PC 建筑产品的质量及服务质量，这将在市场的竞争中得到消费者的认可。而消费者因认可而产生的消费支持也将进一步助力 PC 建筑发展。这种持续的内部推动力才是 PC 建筑发展的市场主推动力。

这种竞争将会为 PC 建筑发展提供源源不断的市场内部动力。PC 建筑应当是市场因其良好的性价比优势而自主选择的结果。PC 建筑产品生产过程中降低的人工费占比能降低企业支出，助力企业实现利润最大化；而随着 PC 建筑的发展，预制率和产能的提升也能降低投资，此时 PC 建筑产品在价格方面将有着明显的优势。而以装配式混凝土住宅为代表，相比传统的现浇式住宅，其增加了住宅净使用面积，同时也延长了保温板的使用寿命，增强了房屋的保温性能。这也在一定程度上反映了 PC 建筑产品在市场竞争中功能方面的优势。

竞争包括两个方面，一是 PC 建筑与传统建筑之间的竞争，另一个是 PC 建筑之间的竞争。PC 建筑与传统建筑之间竞争取决于价格和质量两个因素，住宅价格主要受住宅供求关系和自身成本的影响，住宅同其他商品一样，价格和社会需求存在着反相关的关系，在 PC 建筑发展之初，各项技术都不成熟，发展规模较小，导致 PC 建筑开发成本较传统建筑高很多，也就意味着 PC 建筑售价高于传统建筑。而 PC 建筑由于技术上不成熟，施工质量达不到要求，因此，无论是从价格上，还是从施工质量上，PC 建筑都不具优势。随着 PC 建筑的不断发展，技术的不断成熟，其在质量与价格上的优势将逐渐凸显。PC 建筑之间的竞争主要是成本与技术的竞争，相同的生产方式下，通过技术研发有效解决现有问题，提升建筑质量，降低生产成本才会使其具有竞争力，PC 建筑售价是衡量消费者购买意愿的一个重要指标。

5.2.3　利益影响因素分析

对于 PC 建筑来说，其市场主体的利益主要可由三个方面得以体现：对消费者来说，相比传统建筑产品，其得到的 PC 建筑产品在质量和功能性方面有着显著的优势；对制造商来说，因 PC 建筑产品的生产强调的建筑设计标准化、构件（部品）生产工厂化、现场施工装配化和土建装修一体化，将在提升建筑产品质量、缩短施工周期的同时大大减少人工费占比，是企业实现追求利润最大化的重要因素；而从政府的角度，PC 建筑不仅因其产品具有良好的社会生态效益，同时其建立和发展将通过整合设计、生产、施工等整个产业链，优化组合各种生产要素，对传统建筑业进行技术改造，促进产业结构调整，推动建筑业科技进步，进一步带动社会经济发展。

PC 建筑的高成本严重制约了其发展，较普通建筑而言，PC 建筑由于采用了新技术、新材料、引入了新设备，初始研发成本相对较高，PC 建筑前期所需投入成本以及它所能带来的回报，是开发商首先考虑的问题。只有当 PC 建筑与普通建筑的售价差值大于开发 PC 建筑的增量成本时，开发商才会主动选择开发 PC 建筑。增量成本作为衡量 PC 建筑效益的主要参数，对 PC 建筑的实际推行具有重要意义，影响其因素主要分为六个方面，包括技术研发、规划设计、批量生产、合理运输、施工组装、科学运营。除此之外增量成本也是政府制定财政补贴标准的一项重要参考依据。

5.3　PC 建筑效益影响因子筛选

在技术研发方面，技术是支撑 PC 建筑相关企业发展的核心要素。PC 建筑相关企业由于前期投入过大，在维持现有生产技术下，有较少资金可以投入到技术研发当中，而且，PC 建筑技术研发的投入产出比较低，企业不会投入大量人力、物力到技术研发上，唯有政府作为技术研发的引导者，成立 PC 建筑技术研发机构，并投入科研专项基金，联合高校、企业形成完整的科研系统，共同完成技术研发，才可推动技术革新。除此之外，在自主研发的同时也应向国外 PC 建筑发展较为成熟的国家学习，引进技术。

在规划方面，开发商开发 PC 建筑的用地价格和用地面积以及一系列税收会影响规划阶段的成本支出，在此阶段，企业可通过扩大建设规模的方式削弱生产成本，而政府对于 PC 建筑开发企业可以给予土地出让金优惠、税收优惠等措施激励其开发建设 PC 建筑。

在设计方面，PC 建筑的图纸设计较传统建筑而言多了图纸拆分环节，通过对设计图纸进行研究，将其拆分为标准的构件，设计阶段是控制增量成本的源头。因此，要对设计阶段进行优化，除了要把控结构的安全性和合理性外，要更加注重构件的重复使用率和生产施工效率，在设计中，提高构件的重复使用率，可使构件生产现场无须频繁调整生产模板，提升构件生产效率，节约构件生产时间，降低构件生产单价。此外，设计人员应尽量设计能普遍使用的构件，避免设计异形构件，尤其对于构件与现浇部分连接部位的设计应该更加精准，规避出现层层误差叠加，最终无法准确连接，需要后期装饰修补的现象。因此，设计人员的集成化设计水平直接关系到后续生产及施工安装阶段的效率和成本，而 PC 建筑较传统建筑而言，增加了构件拆分环节，难度增加，耗费的时间、人力也会随之增加，政府应出台相应的政策，对设计单位进行合理补贴。

在生产方面，按照设计阶段图纸拆分、细化得到的标准构件图进行批量生产。生产阶段费用主要分为构件厂建厂费用、设备费用以及构件生产费用。其中，建厂费用包括前期建厂用地费用和所需缴纳的税费，土地费用按每一年的摊销费用计算；设备费用包括设备购置费用和设备维护费用；构件生产费用包括人工费、材料费、模具摊销费。人工费的大小受构件生产工期和单位时间劳动力成本的影响，材料费的大小与生产规模大小有关，模具摊销费用受构件规格大小、构件数量和模具使用时间的影响，因此，考虑到成本和效率问题，构件厂生产构件的模具种类不宜过多，相同规格的构件越多，模具摊销费用会越小。

在运输方面，运输费用的大小与运输效率、运输构件总量和运输距离的大小有关，PC 建筑将构件运输到施工现场均为成品运输，所需运输车辆载重大，转弯半径大，运输成本较高，政府在布局构件厂位置时，应充分考虑构件厂与施工现场的距离，设计最为经济的布局，节省运输费用。在构件运输环节，构件生产厂家需与构件施工安装单位进行沟通协商，使得运输到施工现场的构件的顺序与施工安装顺序一致，堆放位置也尽量距离安装位置最近。

在施工安装方面，将已经运输到施工现场的构件，通过机械吊装的方式将其与现浇部分进行组装，再用混凝土浇筑、锚固以此达到固定的目的，经养护使其混凝土的强度等级满足要求，实现装配式结构与现浇结构的充分结合，最终形成强度满足要求的建筑整体。

现场安装过程产生的费用既包括现浇部分的费用，又包括安装预制构件部分的费用，主要有以下几类：人工费、材料费、机械费和项目措施费。人工费用包括安装过程中的费用以及对于安装人员的培训费用，材料费用主要指现场浇筑费用、连接件费用等。机械费用是指塔吊等机械的租赁费用及维护费用。项目措施费主要指垂直运输过程产生的一系列费用。

预制构件施工现场安装流程如图 5-4 所示。

PC 建筑项目的效益集中表现在技术研发、预制构件设计、工厂预制构件的生产、预制构件的运输、预制构件的现场施工安装以及预制构件的运营六个方面。在这六个

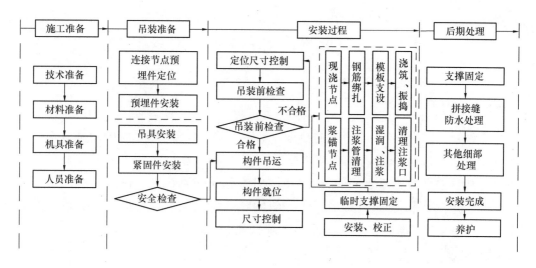

图 5-4　预制构件施工现场安装流程

方面里可进一步将影响 PC 建筑效益的因素分为现金流出和现金流入两个方面。这些影响因素都不是单一存在的,它们相互之间相应存在着某种联系,因而我们在分析影响 PC 建筑效益的因素时不可以将其逐个独立开来,而应将其化为一个有机整体,进行多方考虑和分析。

　　本着必要、简约的原则确定系统边界,即将对 PC 建筑效益影响因素较大的因素划入系统内,剔除影响程度较小的因素,从 PC 建筑建设的全过程角度出发,将影响因素进行划分,如表 5-1 所示。

PC 建筑效益影响因素表　　　　　　　　　　　　　　　　　　表 5-1

现金流入、流出	阶段	因素
现金流出	技术研发	研发投入
	设计阶段	设计成本
		设计成本生成速率
		集成化设计水平
	生产阶段	生产成本生成速率
		土地费用
		人工费用
		机械费用
		材料费用
	运输阶段	运输成本生成速率
		单位构件运输费用
		运输效率
		施工安装成本生成速率
		调整参数
		管理水平
		安装效率
现金流入	政府政策	土地出让金减免
		建筑面积奖励
		税收优惠
		现金补贴
		科研专项基金
		容积率奖励
	售房收入	房屋单价
		建筑面积

5.4 PC建筑激励因果关系图的建立与分析

5.4.1 PC建筑激励因果关系图的建立

通过对 PC 建筑效益影响因子的筛选，确定了 PC 建筑激励系统的内部元素，首先对这些影响因子进行分类，判断其所属的变量类别，继而在系统动力学软件 VEN-SIM-PLE 中建立各个因素之间的关系，即为 PC 建筑激励机理作用图，本模型用"投入—产出"这一指标来模拟 PC 建筑每一年的收益情况，按阶段将此系统划分为六个相互关联的子系统，分别是技术研发子系统、规划设计子系统、生产子系统、运输子系统、施工安装子系统以及运营子系统。

在 PC 建筑项目中，PC 建筑激励的实施效果受激励对象的选择、激励额度的大小以及激励阶段的选择等多方面的影响，基于影响因子及其之间的相互作用关系，建立 PC 建筑激励机理作用图，如图 5-5 所示。

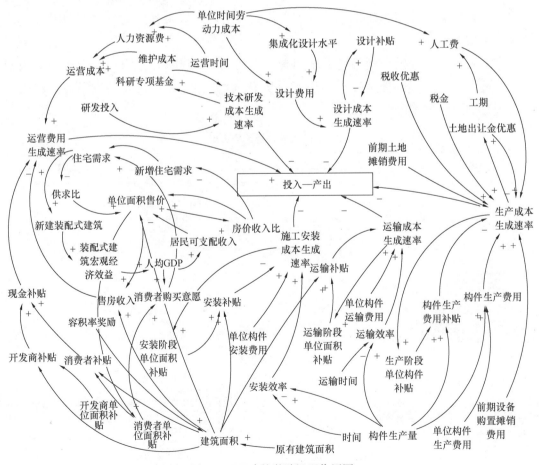

图 5-5　PC 建筑激励机理作用图

从图 5-5 中可以清晰地看出各个因素之间的正负因果反馈关系，其中，箭头最多的因素有生产成本生成速率、运输成本生成速率、施工安装成本生成速率、单位面积售价等，这些都是工程项目效益的直接或间接影响因素。图中影响因子大致可以分为两类，即现金流入与现金流出。现金流入部分包括售房收入与政府的财政补贴，对总体指标起正相关的作用，现金流出部分包括各个阶段的生产成本，对系统总指标起负相关的作用，由于 PC 建筑具有很强的经济外部性，其成本往往高于住宅市场平均价格，而其售价与普通住宅相同，故其利润较普通住宅偏低。

因果关系图中其他的影响因素大都是一些常量，比如城市 GDP、单位时间劳动力成本、集成化设计水平、建筑面积、消费者单位面积补贴等，这些因素的值可以进行调整，方便我们对于不同城市、不同项目的模拟，有利于本书第 4 章进行因素的敏感性分析。

5.4.2　PC 建筑激励因果反馈关系分析

1. 因果树分析

树状图具有结构分解、原因定位、关系呈现等功能，其可以将复杂的管理理论转化为一种简单易懂的行为模式，使管理者更有全局意识，分清轻重、提高工作效率[184]。本书所建因果关系图以"PC 建筑投入—产出"作为中心指标，通过因果树逐层分析找出影响其因发展的各级因素，各因素间的相互作用关系皆可通过树状图直观展现出来。因果关系链作为系统反馈环节的重要表现形式，可通过 VENSIM 软件分析得出：

（1）"投入—产出"是系统的中心，该变量的原因树如图 5-6 所示。

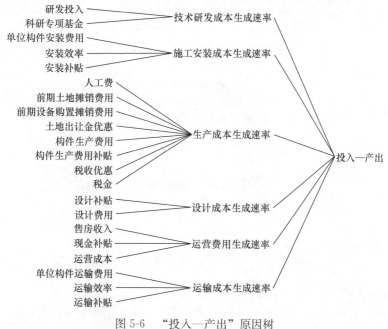

图 5-6　"投入—产出"原因树

（2）"消费者购买意愿"的原因树如图 5-7 所示。

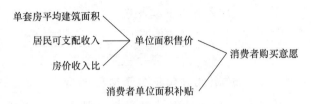

图 5-7 "消费者购买意愿"原因树

（3）"消费者单位面积补贴"的原因树如图 5-8 所示。

图 5-8 "消费者单位面积补贴"原因树

（4）"PC 建筑单位面积售价"的原因树如图 5-9 所示。

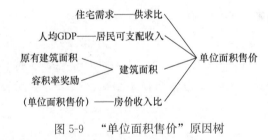

图 5-9 "单位面积售价"原因树

（5）"生产成本生成速率"的原因树如图 5-10 所示。

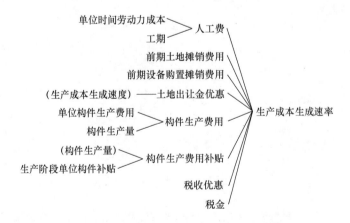

图 5-10 "生产成本生成速率"原因树

（6）"构件生产量"的结果树如图 5-11 所示。

通过运用系统动力学的因果树分析功能，先是对"消费者购买意愿"这一变量进

图 5-11 "构件生产量"结果树

行了原因树分析，得知消费者购买意愿与 PC 建筑单位面积售价和政府给予消费者单位面积的补贴有关，然后再对这两个变量进行原因树分析，得知对这两个变量产生影响的变量有供求比、居民可支配收入、建筑面积、房价收入比。因此通过因果关系树分析可知，若想增强消费者的购买意愿可通过不同的途径，作用于不同的对象。

此外，还对"生产成本生成速率"进行了原因树分析，对于剖析生产阶段增量成本的产生，有助于确定生产阶段的激励路径，图 5-11 显示了构件生产量的结果树，也就是说通过结果树分析，可清晰明了地显示，构件生产量的大小会对哪些因素造成直接影响，会对哪些因素造成简介影响。系统中其他变量的原因结果树分析也是如此，由于篇幅有限，不做一一分析。

2. 反馈回路分析

PC 建筑激励系统由于包含元素之多且元素之间的作用关系错综复杂，简单地通过因果树分析不能得出作用路径，通过对系统的反馈回路进行分析，可得每一元素是通过哪条路径而对其他因素产生作用的，通过运行系统动力学系统，得出如下关键回路。

（1）单位面积售价（＋）→房价收入比（＋）→新增住宅需求（－）→住宅需求（＋）→供求比（－）→单位面积售价（＋）。

该反馈回路为正反馈回路，正反馈回路属于增强型。房价收入比作为影响居民购买力的主要因素，当居民可支配收入增长到一定程度房价收入比将会降低，购买意愿便有所增强，购买力也随之提升，PC 建筑市场需要增大，进而提升 PC 建筑的整体规模[97]。

（2）人均 GDP（＋）→居民可支配收入（＋）→单位面积售价（＋）→房价收入比（－）→新增住宅需求（＋）→住宅需求→新建 PC 建筑（＋）→PC 建筑宏观经济效益（＋）→人均 GDP（＋）。

该反馈回路为负反馈回路，负反馈回路属于平衡型。人均 GDP 可以衡量某个地区经济的发展情况，人均收入受其所在城市 GDP 影响，当某个地区的经济发展处于领先时，人均消费必将有所提高，购买力的提升直接导致购买欲望增强，对 PC 建筑的购买力也将有所提高，PC 建筑的发展可以带动相关技术、材料等产业的发展，经济得到发展，人均 GDP 提高，形成良性循环。

（3）消费者购买意愿（＋）→住宅需求（＋）→新建 PC 建筑（＋）→PC 建筑宏

观经济效益（＋）→人均 GDP（＋）→居民可支配收入（＋）→单位面积售价（＋）
→消费者单位面积补贴（＋）→消费者购买意愿（＋）。

该反馈回路为正反馈回路，正反馈回路属于增强型。该反馈回路表明消费者购买
意愿增强，直接影响到住宅的需求，需求加大后必然会刺激新建 PC 建筑，PC 建筑规
模逐渐扩大，可以更好地发挥其经济效益，从而带动地区 GDP 的增长，经济增长会导
致房价上涨，此时，对于购买 PC 建筑的消费者的补贴也要做适当调整，继续刺激消
费者购买 PC 建筑，由此形成良性循环。

5.5 本 章 小 节

本章是首先对 PC 建筑的激励机理进行了分析，PC 建筑的效益是衡量其经济性的
很重要的一个指标，效益包括经济效益、社会效益、环境效益三个方面，经济效益不
明显直接制约其发挥环境效益与社会效益，因此运用系统动力学的方法和原理，着重
对影响 PC 建筑经济效益的因素进行了识别与筛选。

在明确了效益影响因素的基础上，完成 PC 建筑激励因果关系图的构建，并对其
进行了因果树分析和因果反馈回路分析，较为清晰地展现了各因素之间的相互作用
机理。

第6章　装配式混凝土建筑激励系统动力学模型的构建及仿真——以沈阳市为例

第5章根据要求和可操作性原则建立了系统动力学因果反馈图，并找到了因果反馈路径，分析了其相互作用机理；在第5章的基础上，本章对因果反馈图中各个变量之间的数学关系进行输入，绘制系统流量图，建立了定量分析的预制建筑激励系统动力学模型，对沈阳PC建筑激励进行了仿真，分析了模拟结果，最后得出了一个科学合理的激励措施。

6.1　PC建筑激励系统动力学模型的建立

6.1.1　系统建模的思路

本书以沈阳市PC建筑在每一年的"投入—产出"为中心，首先确定对其有直接影响的因素的费用产生以及产业收入情况，有技术研发成本、规划设计成本、生产成本、运输成本、施工安装成本、运营成本[176]，然后以每一个直接因素作为一个子系统的中心，再依次确定各个基本元素与直接影响因素之间的相互作用关系[177]。PC建筑激励系统是在一个大的经济体系下，系统中各个要素内部的关系很难用纯粹的数学关系来表达，因此，采用半定性半定量的方法处理其中错综复杂的关系。

PC建筑激励系统构建的主要任务是探寻系统随影响因子变化而发生变化的规律，即其动力机制。通过系统的模拟仿真有助于把握系统的发展变化规律，掌握了其运行规律可服务于政府制定宏观调控政策。

6.1.2　PC建筑激励系统的动态性假说

对PC建筑项目效益产生影响的因素众多，系统难以容纳，本书对模型进行必要简化，使其更好地专注于所要研究问题。本书建立的PC建筑激励系统主要基于以下假说：

（1）本书只限于PC建筑住宅。

（2）因生态效益与社会效益，本模型只在建立因果关系图时进行定性分析，不对其进行量化，只基于经济效益展开定量模拟分析研究。

（3）构件厂生产构件全部用于施工安装，不会出现剩余现象。

（4）生产施工过程中，企业管理者的决策都是理性的、产业链各个环节之间的配合都是顺利的，不会产生较大的经济纠纷事件，不会有大范围的返工情况，施工质量达到规范标准。

（5）本书只考虑装政府对 PC 建筑采取的激励政策而不考虑其他强制性举措。

6.1.3　模型建立的相关说明

因果关系图能体现所有影响因素相互间的定性关系，系统流量图是通过建立数学模型，通过建立数学模型进一步确定各个影响因素的定量关系[178]。通过对因果关系图的加工处理，可得到 PC 建筑激励系统机理路径图，如图 6-1 所示，激励路径图清晰展示了政府的激励政策是如何通过其他变量影响 PC 建筑投入—产出的。

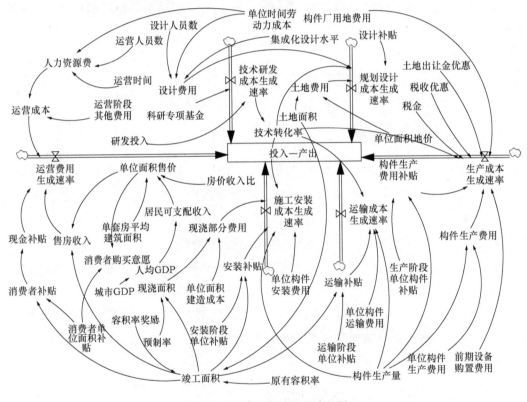

图 6-1　PC 建筑激励机理路径图

6.2　模型参数的确定

自沈阳市 2011 年被住建部授予国家首个 PC 建筑试点城市后，相当一批有规模和代表性的 PC 建筑工程陆续展开，沈阳市 PC 建筑的发展处于全国前列，考虑到模型的可行性和数据的可获得性，本书选择沈阳市作为研究对象，以 2011—2017 年数据为基准，模拟仿真时间为 2011—2030 年，仿真步长为 1 年。

6.2.1　模型参数确定的方法

1. IF THEN ELSE（C，T，F）选择函数[179-180]

IF THEN ELSE 函数通常用于在模拟中进行策略切换或变量选择，有时称为条件函数。

$$IF\ THEN\ ELSE(C,T,F) = \begin{cases} T & C\ 条件为真时 \\ F & 否则 \end{cases} \qquad C\ 为逻辑表达式$$

2. 阶跃函数

常见形式：STEP（{height}，{stime}）

常见功能：这个函数控制变量开始被分配的时间。在 StartTime 之前，函数赋予变量一个数字值。当时间到达 StartTime 时，函数将变量分配到预定高度并继续[181]。

3. INTEG 函数

系统动力学中的 INTEG（a，b）函数表示的是变量的积累变化，模型中的状态变量现金流入以及流出为各年累计总值，可使用此函数。其中，a 为变量的每一步距的变化量，即各年现金流量的增加；b 为变量的初始值，此模型中为 0。

4. 表函数

表函数是自变量和因变量之间的联系通过列表反映出来的函数。

系统动力学的特点就是表函数，表函数可以用于形成两个变量间的非线性关系，表函数可以较精准的形成软变量间关系。像这样设计的变量是无量纲的。进入 VENSIM PLE 软件 Equation Editor，如果没有定义这个等式，则在 VENSIM PLE 软件方程编辑器中有 AS Graph 选项[169]。

6.2.2　模型参数确定的途径

沈阳市 PC 建筑激励系统在建立之后，模拟仿真之前需要对常数变量和状态变量赋初值，而速率变量可通过其他变量计算得出，数据获取的途径有以下几个方面：

（1）从政府发布的《沈阳市统计年鉴》及历年政府工作报告等文献的查阅和实际调研走访中获取相关数据；

（2）参考以往研究课题所得数据。

（3）参阅大量参考文献，并对文献中数据运用数理统计软件 SPSS 对其进行加工处理。

（4）查阅沈阳市住建局官方网站，并咨询住建局相关部门。

（5）实地调查走访，收集整理所需数据。

（6）通过系统动力学软件自有的模拟分析功能，对所获得数据进行检验与不断修正、拟合。

6.2.3 变量初始值及关系的确定

本书以沈阳市 PC 建筑 2011 年为研究时间起点，现对其中包含的变量关系作必要说明。

（1）城市 GDP 初值：5017 亿元（2011 年）。

（2）沈阳市各年 PC 建筑的建设与销售情况，如表 6-1 所示。

沈阳市 PC 建筑产值和施工面积表　　　　　　　　　　表 6-1

年份	2012 年	2013 年	2014 年	2015 年	2016 年	2017 年
产值（亿元）	1042	1536	1918	1363	1352	1237
施工面积（万 m²）	200	234	242	400	352	330

（3）城市 GDP 为 6811.7 亿元（取平均值），取值 2011—2016 年，如表 6-2 所示。

沈阳市城市 GDP、人均 GDP、人均可支配收入　　　　　表 6-2

年份	2011 年	2012 年	2013 年	2014 年	2015 年	2016 年
城市 GDP（亿元）	5017	6606.8	7223.7	7098.7	7280	7644
人均 GDP（元/人）	61891	80767.73	89115.47	85816	87854.5	88654
人均可支配收入（元/人）	23326	26421	29074	31720	36664	39135

（4）沈阳市 PC 建筑住宅各年的单位面积价格，如表 6-3 所示。

PC 建筑住宅单位面积价格　　　　　　　　　　　表 6-3

年份	商品房价格（元/m²）	年份	商品房价格（元/m²）
2011 年	6887	2015 年	7244
2012 年	7424	2016 年	7032
2013 年	7598	2017 年	7428
2014 年	7650		

数据来源《沈阳房天下》

（5）单套面积依据消费习惯取 100m²。

6.2.4 模型方程的确立

（1）技术研发成本生成速率＝科研专项基金。

（2）设计成本生成速率＝（设计费用－设计补贴）×（1－技术转化率）。

（3）生产成本生成速率＝（前期土地摊销费用＋前期设备购置费用＋构件生产费用

＋人工费＋税金－土地出让金补贴－构件生产费用补贴－税收优惠)×(1－技术转化率)。

(4) 运输成本生成速率＝(单位构件运输费用×运输效率)×(1－技术转化率)。

(5) 施工安装成本生成速率＝单位构件安装费用×安装效率×(1－技术转化率)[71]。

(6) 运营费用生成速率＝售房收入－运营成本。

(7) 科研专项基金＝1000000 元。

(8) 集成化设计水平＝5。

(9) 设计补贴＝0 元。

(10) 批用土地费用＝1123 元/m²。

(11) 生产时间＝283 天。

(12) 税金＝3000 元。

(13) 税收优惠＝0 元。

(14) 前期设备购置费用＝20000000 元。

(15) 单位构件生产费用＝340 元。

(16) 生产阶段单位构件补贴＝0 元/m³。

(17) 构件生产量＝2000m³。

(18) 运输效率＝构件生产量/运输时间。

(19) 单位构件运输费用＝2 元/m³。

(20) 运输阶段单位面积补贴＝10 元。

(21) 安装效率＝构件生产量/安装时间。

(22) 安装阶段单位面积补贴＝0 元/m³。

(23) 新增建筑面积＝186 万 m²。

(24) 容积率奖励＝1%。

(25) 建筑面积＝原有建筑面积＋建筑面积奖励。

(26) 城市 GDP 初值：826.68 亿元(2011 年)。

(27) 居民可支配收入＝22000 元。

(28) 房价收入比＝6.3＋STEP(0.3，2013)＋STEP(0.2，2015)＋STEP(0.2，2017)＋STEP(0.2，2020)。

(29) 单位面积售价＝6230 元。

(30) 售房收入＝单位面积售价×建筑面积。

(31) 消费者单位面积补贴＝0 元/m²。

(32) 运营时间＝65 天。

(33) 单位时间劳动力成本＝150 元/天。

(34) 运营成本＝人力资源费×运营时间＋运营阶段其他费用。

（35）人力资源费＝单位时间劳动力成本×运营时间。

（36）设计费用＝集成化设计水平×单位时间劳动力成本。

（37）人工费＝单位时间劳动力成本×工期。

（38）净现值＝INTEGER(运营费用生成速率－(技术研发成本生成速率＋设计成本生成速率＋生产成本生成速率＋运输成本生成速率＋施工安装成本生成速率)，0)。

6.3 PC建筑激励的系统动力学模型检验及仿真分析

沈阳市PC建筑激励系统动力学模型在建立完成后需要对其进行检验，主要是对模型的逻辑性、有效性、真实性、敏感性以及量纲一致性进行检验，具体分为四个步骤：第一，直观检验，通过直观检验判断各个影响因素之间的相互作用关系是否正确；第二，运行检验，对系统动力学模型进行运行，检验模型是否存在方程关系错误和单位错误；第三，真实性检验，通过对历史数据的检验，判断其可信度；第四，灵敏度检验，测试总指标对影响因子敏感程度大小。

模型通过检验后就可进行仿真分析，本书主要对PC建筑激励政策进行仿真模拟，以观察PC建筑"投入—产出"在不同激励政策下的变化情况。

6.3.1 PC建筑激励的系统动力学模型检验

任何模型都不可能与现实情况完全一致，但为了使模型能够更好地反映现实，需对其进行检验，并根据检验结果不断对模型进行修正，使其更加贴近现实情况，本书主要进行了以下四个方面的检验：

1. 直观检验

本书系统边界的确定、影响因素的识别、因果关系图的建立和系统动力图的构建均是在导师的指导下认真完成的，笔者通过直接观察的方式对所选择的变量、建立的方程关系等进行检验，并做出合理判断。

2. 运行检验

系统动力学软件在运行之前需要设定时间参数，本模型中初试时间（INITIAL-TIME）设为2011年，结束时间（FINAL TIME）设为2030年，仿真步长（TIME STEP）设为1年，单位（Units for Time）设为Year。图6-2为时间参数设定的界面。

在时间参数设定完成后，要进行运行检验，主要是检验模型方程关系、变量单位输入是否正确，在首次运行时，出现了警告，模型方程人均GDP和人均可支配收入之间的计算存在问题，对其进行修正后，模型和单位均正确，可正常运行。VENSIM软件进行检验的结果如图6-3所示。

Model Settings - use Sketch to set initial causes

Time Bounds | Info/Pswd | Sketch | Units Equiv | XLS Files | Ref Modes |

Time Bounds for Model

INITIAL TIME = 2011

FINAL TIME = 2030

TIME STEP = 1

☑ Save results every TIME STEP

or use SAVEPER =

Units for Time Year

NOTE: To change later use Model>Settings or edit the equations for the above parameters.

OK　　　　Cancel

图 6-2　VENSIM 软件中的时间参数设定

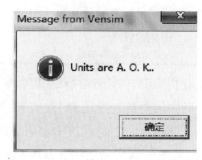

图 6-3　模型检测图

检验结果表明，模型元素之间的数量关系和模型的单位均没有问题，计算机可正常进行计算和存储。

3. 历史检验

本书将运行结果与 2011—2015 年的实际数据进行对比，检验模型运行结果是否可以反映沈阳市真实情况，选取城市 GDP、人均 GDP、PC 建筑面积、投入—产出四个指标进行对比分析，如表 6-4 所示。

<table>
<tr><td colspan="5" align="center">误差分析表　　　　　　　　　　　　　　表 6-4</td></tr>
<tr><td>年份</td><td>项目</td><td>仿真结果</td><td>实际结果</td><td>相对误差（%）</td></tr>
<tr><td rowspan="4">2011 年</td><td>城市 GDP（亿元）</td><td>4854.79</td><td>5015</td><td>3.3</td></tr>
<tr><td>人均 GDP（元）</td><td>76525.71</td><td>80352</td><td>4</td></tr>
<tr><td>PC 建筑面积（万 m²）</td><td>346.15</td><td>360</td><td>5</td></tr>
<tr><td>PC 建筑销售价格（元/m²）</td><td>7940.88</td><td>7925</td><td>4</td></tr>
</table>

续表

年份	项目	仿真结果	实际结果	相对误差（%）
2012 年	城市 GDP（亿元）	6577.20	6606.8	−0.2
	人均 GDP（亿元）	80301.07	81907.09	0.45
	PC 建筑建筑面积（万 m²）	237.86	245	2
	PC 建筑销售价格（元/m²）	8014.15	8043	3
2013 年	城市 GDP（亿元）	7241.80	7223.7	0.36
	人均 GDP（亿元）	84071.20	89115.47	−0.25
	PC 建筑建筑面积（万 m²）	230.84	247	6
	PC 建筑销售价格（元/m²）	8193.03	8234	7
2014 年	城市 GDP（亿元）	7071.83	7098.7	0.5
	人均 GDP（亿元）	83316.50	85816	0.38
	PC 建筑建筑面积（万 m²）	230.69	233	3
	PC 建筑销售价格（元/m²）	8147.00	8169	1
2015 年	城市 GDP（亿元）	7327.63	7280	0.27
	人均 GDP（亿元）	85289.75	87848.44	−0.65
	PC 建筑建筑面积（万 m²）	267.31	278	3
	PC 建筑销售价格（元/m²）	7353.00	7353	4

通过对比分析可知，模型运行结果基本符合沈阳市的基本特征，误差均控制在 ±10% 以内，其中误差最大的是 PC 建筑单位面积售价，将与 PC 建筑售价相关的因素重新进行考虑，调整他们之间的数学关系，再进行检验，误差降低，说明模型运行结果与沈阳市 PC 建筑的真实发展状况基本是吻合的，以此模型对沈阳市 PC 建筑的激励政策进行模拟是可信的。

4. 灵敏度检验

本书所做的灵敏度检验主要是检验沈阳市 PC 建筑每一年的投入—产出对系统内部各个影响因素的敏感程度，通过改变常数变量的值，观察投入—产出随其变化而发生的变化，从而将变化前后数据进行对比，并计算灵敏度。

灵敏度检验表
表 6-5

年份	投入—产出		灵敏度
	初始值	变化值	
2016 年	6.64e+009	2.07e+010	3.12
2017 年	1.02e+010	2.7e+010	2.65
2018 年	1.4e+010	3.4e+010	2.43
2019 年	1.8e+010	4.1e+010	2.28
2020 年	2.17e+010	4.9e+010	2.26

续表

| 年份 | 投入—产出 | | 灵敏度 |
	初始值	变化值	
2021 年	2.59e+010	5.6e+010	2.16
2022 年	3e+010	6.4e+010	2.13
2023 年	3.4e+010	7.1e+010	2.09
2024 年	3.8e+010	7.9e+010	2.08
2025 年	4.26e+010	8.7e+010	2.04
2026 年	4.68e+010	9.4e+010	2.01
2027 年	5.1e+010	1e+011	1.96
2028 年	5.5e+010	1.1e+011	2.00
2029 年	5.9e+010	1.2e+011	2.03
2030 年	6.4e+010	1.24e+011	1.94

由表 6-5、图 6-4 可以看出，科研专项基金投入对净现值的变化是敏感的，最小灵敏度为 1.96，最大达到了 3.12。因此，加大 PC 建筑科研专项基金的投入可作为 PC 建筑激励的政策作用点。

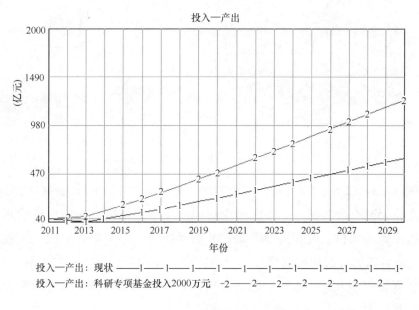

图 6-4　灵敏度分析图

6.3.2　PC 建筑激励的系统动力学模型的仿真分析

系统动力学模型是一种结构方程模型，通过模型可以模拟不同情况下系统的行为变化，系统动力学多用于对于政策的调控，观察调控相关政策后对其他变量所产生的影响，因此，系统动力学被形象地称为"政策实验室"。

影响 PC 建筑激励的变量主要是科研基金投入、设计补贴、土地出让金优惠、税收优惠、生产阶段单位构件补贴、运输阶段单位构件补贴、施工安装阶段单位构件补贴、运营阶段消费者单位面积补贴等，通过改变这些激励政策，观察在 2011—2013 年，系统行为发生的变化，仿真模拟如图 6-5 所示：

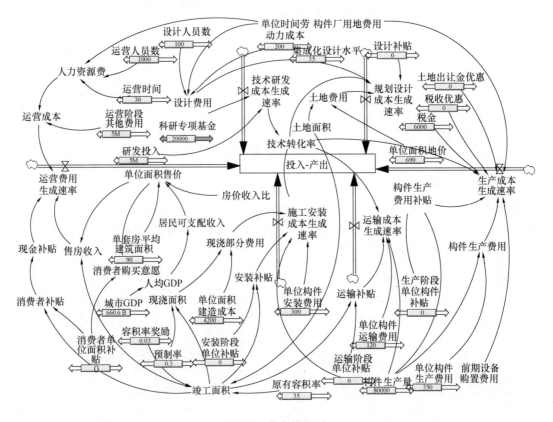

图 6-5　仿真模拟图

通过图 6-5 可知影响工程投入—产出的因素有许多，这些因素彼此之间影响着，一个参数变化必然会导致另一个或多个变量的值改变，所以，我们可以使用它来改变参数值，找出影响项目效益的关键因素，然后寻找合适的措施，有效地控制成本。在图 6-5 中，还可以通过游标控制相应变量的大小，并观察这个变量对项目收益的影响。本书设计了 5 种激励方案，如表 6-6、图 6-6 所示，用于比较在不同的策略方案下净现值的动态变化行为。

备选方案比较表　　　　　　　　　　　　　　　　　　　　　　　表 6-6

	容积率奖励	开发商单位面积补贴（元）	消费者单位面积补贴（元）	科研基金投入（元）	生产阶段单位构件补贴（元）
原模型	1%	100	0	0	0
方案一	2%	100	0	0	0
方案二	1%	110	0	0	0

续表

	容积率奖励	开发商单位面积补贴（元）	消费者单位面积补贴（元）	科研基金投入（元）	生产阶段单位构件补贴（元）
方案三	1%	100	10	0	0
方案四	1%	100	0	30000	0
方案五	1%	100	0	0	20

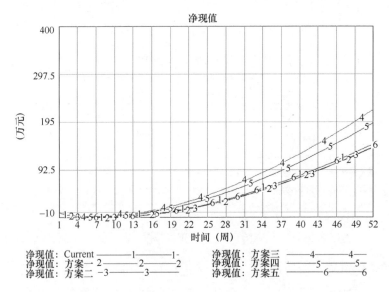

图 6-6　净现值模拟图

从以上的运行结果来看，方案三对装配式建筑净现值的影响最明显，即给予装配式建筑消费者单位面积补贴。其次是方案四，说明除了给予建筑面积奖励外，直接给予其科研补贴对于装配式建筑的发展可以起到较好的效果，方案一、方案二和方案五说明单纯地提高土地优惠政策、税收优惠和构件补贴对产值的影响较小，需要从多方面进行改善。

由此建立了沈阳市 PC 建筑激励系统的动态模型，并在模型试验的基础上进行了仿真分析，系统动力学模拟仿真的目的是判断一个变量的变化是否会对其他变量产生影响，并且可通过模拟曲线显现出不同的影响程度大小，系统动力学的模拟运行有助于决策者根据模拟情况对所要研究问题有整体的把握，为做出合理决策提供重要依据。

接下来通过改变不同阶段不同激励方式的激励额度的输入值来对 PC 建筑工程项目净现值的激励模型进行测试。

图 6-7 显示了容积率分别奖励 1%、2%、3% 以及不奖励的情况下净现值的变化情况，由图可知，随着容积率奖励幅度的增加，净现值呈增长趋势，并且随着时间的推移，这种差异性越来越大。结果表明，容积率奖励是 PC 建筑投入—产出的关键因素。

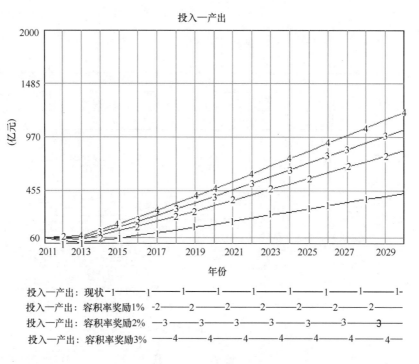

图 6-7　容积率模拟图

通过对 PC 建筑施工阶段单位面积补贴进行模拟可知，补贴额度按 5 元/m² 的步长增长，如图 6-8 所示，净现值并不会随着施工阶段补贴额度的变化而变化，由此可知，施工阶段补贴不是关键影响因素。

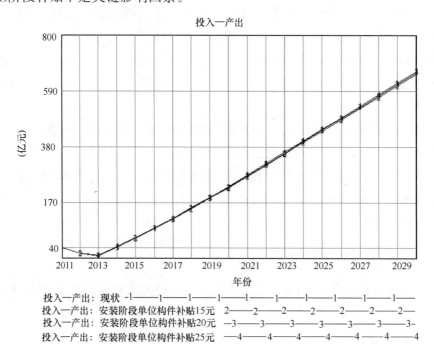

图 6-8　"安装补贴"模拟图

同理可得，PC 建筑工程项目净现值的关键影响因素还包括：科研基金、土地出让金优惠、税收优惠、生产阶段单位构件补贴、运输阶段单位构件补贴、运营阶段开发商单位面积补贴、运营阶段消费者单位面积补贴，而设计补贴、安装阶段单位构件补贴两个变量不在关键影响因素范畴。

备选方案比较如表 6-7 所示，激励形式敏感性分析如图 6-9 所示。

				备选方案比较表			表 6-7
科研基金（万元）	设计补贴（万元）	土地出让金优惠（m²）	税收优惠（万元）	生产阶段补贴（万元）	运输阶段补贴（万元）	安装阶段补贴（万元）	运营阶段补贴（万元）
200	0	0	0	0	0	0	0
0	200	0	0	0	0	0	0
0	0	200	0	0	0	0	0
0	0	0	200	0	0	0	0
0	0	0	0	200	0	0	0
0	0	0	0	0	200	0	0
0	0	0	0	0	0	200	0
0	0	0	0	0	0	0	200

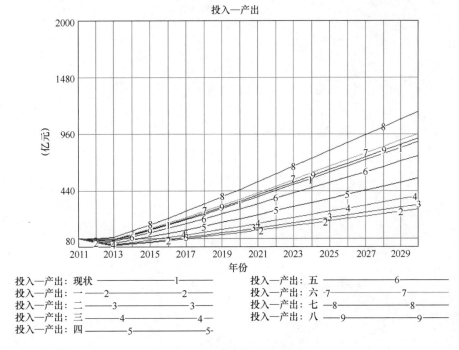

图 6-9　激励形式敏感性分析图

在假设政府给予 PC 建筑的财政补贴是一定的基础上，分别对不同的激励方式进行敏感性分析，由模拟结果可知，最为敏感的因素为容积率奖励，接着是科研基金投入、运营阶段开发商单位面积补贴、运营阶段消费者单位面积补贴、土地出让金优惠、税收优惠、生产阶段单位构件补贴、运输阶段单位构件补贴、设计阶段补贴以及施工阶段单位面积补贴。

6.4 本 章 小 节

本章主要构建了 PC 建筑激励系统动力学模型，接着对模型进行了可行性检验、量纲一致性检验，并运用历史已有数据对模型进行了检验，主要包括模型的真实性检验、参数检验和量纲一致性检验等，其中部分检验通过计算机完成。通过构建 PC 建筑激励系统动力学模型，并对其进行了仿真模拟，依据检验结果不断对模型影响因素之间的方程关系进行调整与校正，在确定模型的量纲一致性和科学合理性之后，对沈阳市 PC 建筑的激励进行了仿真模拟分析，通过模拟结果可知 PC 建筑激励的关键影响因素科研基金、运营阶段消费者单位面积补贴、生产阶段单位构件补贴，而其他因素的变动对于激励系统的影响较小。

第7章 装配式混凝土建筑激励方案设计

7.1 激励方案设计的思路与原则

7.1.1 激励方案设计思路

不同行业的激励设计思路对本书的研究起到很大程度的启发作用。例如，齐宝库等人在其《装配式建筑综合效益分析方法研究》一文中对 PC 建筑的效益进行了核算，用实际数据论证了 PC 建筑的外部性效应[98]；刘景矿在其《建筑废弃物管理成本激励模型研究》[97]一文中建立了基于统动力成本效益分析模型的建筑垃圾管理激励模型，模拟了建筑垃圾滚利补贴政策的合理成本，并构建了建筑废弃物管理成本激励机制。本书可借鉴其系统动力学理论的应用以及成本激励机制的构建思路。

在绿色建筑激励方面，政策逐步走向成熟化，《关于加快推动我国绿色建筑发展的实施意见》是由财政部和住房城乡建设部联合授权颁布的，目的是促进绿色建筑在中国的发展，并且提出绿色建筑发展目标。这是中国第一次以官方文件的形式颁布绿文建筑方面的文件。政府将通过政府财政补贴等手段加快中国绿色建筑的发展，争取到 2020 年实现将绿色建筑比例提高到新建建筑总体的 30％以上。该文件明确表示，星级绿色建筑将得到补贴，当然，星级越高的建筑将会得到越多的财政补贴。

装配建筑激励政策需要政府以财政资金作支撑，涉及利益主体较多，各激励因子之间的关系是复杂的，而装配激励方案的设计比强制政策更为复杂。

1. 分阶段实施激励政策[98]

PC 建筑的发展会经历几个不同的阶段，分别为启动阶段、成长阶段和成熟阶段，由于在不同的阶段 PC 建筑发展的市场动力会有所差异，因此，激励政策与其发展阶段应一一对应，结合不同阶段的不同发展，找准不同发展阶段的重要环节和薄弱环节，合理确定激励额度、激励对象以及激励的形式，有针对性地制定激励政策。

2. 分类别实施激励政策

对于不同类型的 PC 建筑采取不同的激励政策，对于装配式住宅，若采取强制性政策要求开发商开发 PC 建筑，开发商会将增加的成本转移给消费者，会给支付能力

109

相对较弱的消费者增加经济负担。对于商业建筑，一般业主都有很强的经济实力，因此无须对其进行经济激励，只须采取强制性政策即可。

3. 正向激励与负向限制相结合

政府一方面可通过对符合节能标准与质量要求的 PC 建筑以及符合建筑节能发展方向的技术、材料给予一定的财政补贴以达到激励的目的，另一方面，政府可通过向传统建筑收取额外的环境保护费用，间接激励 PC 建筑的开发建设。

4. 实行基于成本与性能的激励政策

对于 PC 建筑的激励，成本和性能是进行激励的主要依据，目前的市场环境下，相对传统建筑，PC 建筑存在增量成本，增量成本的大小是政府制定激励政策需要考量的因素，但不应作为唯一依据，否则装配式建筑在开发建设中会造成大量的浪费，投入的大量成本不会有效转化到 PC 建筑的性能上，因此还需考量 PC 建筑的性能，可促使企业进行技术创新，提高 PC 建筑的性能水平，从而提高消费者的购买意愿。

7.1.2 激励方案设计原则

1. 破坏者付费原则

环境之所以会日益恶化，是因为存在很多污染环境的企业，如果就只是为了改善环境，而把这些企业强制关闭，最终的结果会是环境有所改善，经济必然瘫痪，所以，应该对破坏者按照一定的标准征取排污费，把这些费用用于对环境改善有益的企业。

2. 受益者付费原则

PC 建筑具有"四节一环保"的特点，无论是从碳排放量还是从大气污染度方面，PC 建筑都做出了应有的贡献，而受益者是社会大众。所以，需要建立环保基金池，社会大众按照一定的比例承担激励的责任。

3. 赏罚平衡原则

对于与 PC 建筑类似的对环境有益的企业进行的激励，激励额度要与对污染环境的企业征收的排污费达到相对均衡状态，以利于激励机制在运行过程中资金链的持续运转。

4. 激励适中原则

激励对象的积极性与激励额度的大小呈正相关的关系，如果激励额度过小，则无法从根本上提高激励对象的积极性，达不到激励的作用，而激励额度过大又会对政府财政造成较大压力，因此，PC 建筑经济激励的最优程度，应以"恰好能够将 PC 建筑的外部性效果内部化"为原则，经济激励额度要适中，需要控制在一定幅度范围内。

7.2　分阶段的激励方案细部设计

要使 PC 建筑更好的发展，中央政府一方面要采取一系列的激励措施，通过给予优惠政策来激发有关主体参与 PC 建筑开发的积极性；另一方面，中央政府应采取强制措施，明确相关主体的责任和义务，促进 PC 建筑的发展。基于沈阳市经济特征和 PC 建筑发展现状，将沈阳市 PC 建筑激励方案做如下细部设计。

7.2.1　PC 建筑市场启动阶段

在 PC 建筑市场启动阶段，就整个产业链而言，技术研发费用、开发商开发费用、构件厂批用土地费用、建厂费用以及购置设备费用较多，相关企业难以承受如此巨大的资金压力，因此在不确定 PC 建筑市场发展前景的情形下不会轻易选择开发、生产 PC 建筑。此时，政府需要在现有激励政策的基础上加大激励力度，尤其应加强对于技术研发和构件生产阶段的补贴，具体包括：

（1）技术是推动 PC 建筑发展的关键因素，历史表明，在 PC 建筑发展过程中，落后的技术体系不会主动退出市场，只有政府通过制定强有力的激励政策，使先进的技术可以不断发展，应用得更加广泛[182]。

为此，中央财政部门可成立 PC 建筑专家委员会，专家委员会成员主要由行业主管部门、科研机构、企业技术人员、高等院校组成，针对 PC 建筑设计、生产、施工安装过程中遇到的技术问题进行研讨，并不断引进与创造新的技术以改善目前 PC 建筑生产安装过程遇到的诸多技术问题，可通过技术的革新提高生产效率、降低生产成本。企业可对 PC 建筑关键技术的研发项目进行申报，经审查该技术对 PC 建筑的发展会起到一定的作用，就会给企业下拨科研基金鼓励其研究。对于使用高新技术的 PC 建筑开发项目给予低息贷款、税收优惠。

（2）在 PC 建筑启动阶段，构件厂的建设需要巨大资金支持，融资难成为主要问题，而 PC 建筑若想得到推广，构件生产单位不可或缺，构件的质量直接影响 PC 建筑的质量。因此，政府需对构件生产单位进行财政鼓励，一方面对其提供低息贷款等优惠政策，另一方面，可减免一定金额的土地出让金，并给予税收优惠。

7.2.2　PC 建筑市场成长阶段

在 PC 建筑市场成长阶段，PC 建筑市场在政府的扶持下逐渐活跃起来，市场竞争力逐渐增强，但此阶段 PC 建筑市场还不能完全脱离政府政策，在此阶段，中央政府可采取以下三种激励政策：一是加大 PC 建筑科研专项基金的扶持力度和范围，推动装配式相关技术的研发；二是对 PC 建筑的规划设计单位、施工单位以及材料供应单位给予一定额度的激励；三是对 PC 建筑消费者进行激励，这也是这个阶段的重点激励对象。

通过前文整理我国对于 PC 建筑的激励政策可知，目前，政府对于 PC 建筑的激励主要是以供给端为导向的激励，即激励开发商，而对于需求端——消费者的激励很少，这也是激励政策实施效果不明显的一个重要的原因，消费者是 PC 建筑的终端用户，制约 PC 建筑发展的另一原因是消费者不认可，不愿意支付更高的价格购买，对于 PC 建筑的激励不仅要对开发建设阶段进行激励，还应该在后期出售阶段对消费者进行激励，可通过减免契税、直接的现金补贴、降低首付比例、提供低息贷款等方式降低消费者购买 PC 建筑的额外支付费用，刺激消费购买 PC 建筑，继而拉动市场需求，调整 PC 建筑供需结构。

7.2.3　PC建筑市场成熟阶段

在 PC 建筑市场成熟阶段，随着时间的推移，由于在政府激励政策的推动下，PC 建筑市场内动力逐步增强，PC 建筑发展逐步迈向正轨，整个 PC 建筑产业链已渐趋完善，PC 建筑和产品市场竞争将越来越激烈，技术进步将使价格降低，消费者、国家和社会将得到越来越多的好处。减少或终止预制建筑和节能产品的激励措施仍然具有竞争性，从而建立有效的市场运作机制。

此时，政府应弱化其作用，逐步减少对 PC 建筑的激励力度直到停止激励，使市场成为推动 PC 建筑发展的主导力量。

7.3　激励政策制定

7.3.1　激励标准的确定

现有 PC 建筑激励政策存在很多问题，如激励标准不合理，激励额度过少不足以推动其发展，没有细致划分激励等级等。针对这一现状，政府需借鉴低碳住宅、被动式建筑以及退耕还林等其他行业的补贴机制，并结合 PC 建筑的特点，对现有 PC 建筑补贴政策进行补充完善并出台更加合理、切实可行的政策，如政府强制装配率、资金补贴及墙材专项基金减免等。

由激励计算机构来对 PC 建筑的激励金额进行评估与计算，对 PC 建筑的节能环保程度以及它所带来的经济效益与生态效益进行评估，将此效益货币化[183]，作为激励的参考依据，根据现有 PC 建筑的发展状况及建筑行业的发展趋势，基于成本因素，并综合其他多方面因素，确定激励对象、激励额度、激励年限以及激励比例等激励标准。激励标准的确定方法与依据如下：

（1）按 PC 建筑相关企业的直接投入和机会成本计算。针对构件厂来说，从征地建厂到设备引入再到技术研发都需要投入很大的资金，激励标准的制定应综合考虑构件厂生产经营阶段所投入的人力、财力、物力。对于开发商来说，需对其开发 PC 建筑的经济外部性进行核算，并制定合理的标准。

（2）按外部经济受益者获利计算。PC 建筑不仅环保，还可以节约资源，具有很强的环境效益与社会效益，受益者没有为环境的改善付费。因此，可通过将 PC 建筑所带来的环境效益与社会效益货币化，折算后作为计算激励标准重要的参考依据。

（3）按与传统建筑成本差额计算。PC 建筑在成本上要高于传统建筑模式，政府在制定激励 PC 建筑发展政策时需考虑与传统建筑模式相比，PC 建筑在哪些环节成本偏高，高出程度作为计算激励标准的又一重要依据。对 PC 建筑进行激励是一个动态过程，需根据市场经济形势，PC 建筑发展状况等因素做出适当调整[184]。

7.3.2　激励的途径与方式

政府在 PC 建筑激励机制中扮演引导者的角色，通过政府的激励这一外推力，推动市场动力机制更加高效地运转。在实施激励过程中采取的激励方式关系到激励政策能否落到实处，激励是否公平公正、高效透明等一系列问题。PC 建筑激励机制采取财政激励、税费减免、信贷优惠、容积率奖励、降低消费者首付标准、土地出让金优惠等为主要手段的激励方式（图 7-1）。

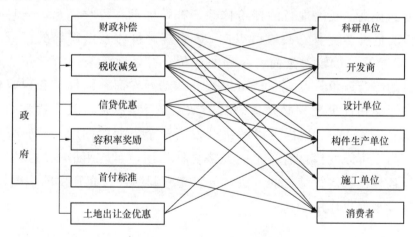

图 7-1　激励途径与方式

7.3.3　激励方案运行环境

激励的实施过程，也不可避免地会出现多种不合理、不公平的现象，因此，激励征收管理机构的设立是十分必要的，此机构要对激励资金的融资过程、适用过程进行实时监督，以确保激励过程高效、透明、公平公正，达到真正激励 PC 建筑快速发展的目的[185]。根据实施过程中暴露的问题通过反馈机制反馈到政策制定机构，不断进行修正。具体激励机理如图 7-2 所示。其中，激励政策是否科学，激励标准是否合理，激励流通网络能否保证激励费用的合理分配和落实是其中的关键环节[186]。

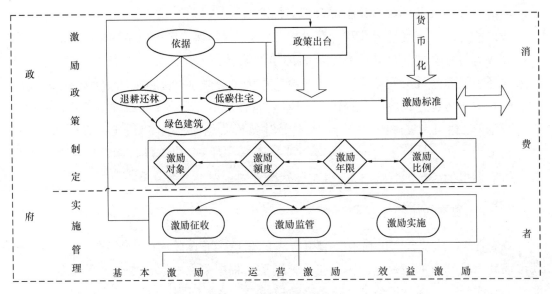

图 7-2　PC 建筑激励实施

现阶段，我国的评价体系、补贴政策、税收政策、贷款政策等一些优惠政策需要大幅度的提高。我国现行的评价体系、补贴标准、税收优惠、低息贷款等方面的政策需要进一步完善。政府可以向 PC 建筑评价体系做得好的国家学习，对所开发的 PC 建筑进行较为全面、合理的评价；补贴政策与税收政策方面，政府根据各项目的综合评价，设立一个可以充分调动开发商补贴标准和税收优惠政策体系，补贴标准和优惠配额必须体现社会效益的 PC 建筑；关于贷款政策，要尽可能实现低息贷款[187]，这样可以解决开发商资金方面的问题，减轻开发商的筹集资金的压力，可以发挥自有资金的经济杠杆作用，实现用最少的投资来获取最大的利润。各种优惠政策结合的方法，可以充分调动开发商开发的积极性，为 PC 建筑的发展带来促进作用。

7.4　本 章 小 节

本章通过 PC 建筑激励系统动力学模型的构建及模拟，明确了 PC 建筑激励的敏感影响因子，模拟了不同激励方式对 PC 建筑"投入—产出"的影响，本章在第 4 章的基础上，运用第 4 章得出的结论进行了沈阳市 PC 建筑激励方案的细部设计，激励方案分为三个阶段实施，在 PC 建筑的启动阶段，对于 PC 建筑的激励要侧重于技术研发和对构件厂的补贴；在 PC 建筑的成长阶段，对于 PC 建筑的激励侧重于需求端的激励，即通过提供给消费者优惠贷款、税收优惠等政策以促进消费者的购买；而在 PC 建筑发展成熟期，PC 建筑的发展达到一定规模，工业化装配建筑的发展回归到市场主导地位的正常轨道，并将继续推进 PC 建筑的建设。政府应逐渐降低对于 PC 建筑的激励力度，让市场发挥主体作用。

第8章　研究结论与展望

8.1　研　究　结　论

装配式混凝土建筑提升了我国建筑产业的层次，推动了建筑产业升级。PC建筑是一个含有诸多要素和诸多子系统的复杂的大系统，在产业内部，引导方与实施方协同合作，促进PC建筑的发展，但是由于PC建筑存在很强的经济外部性，根据利益驱动原则，相关利益主体不会主动投身到PC建筑的开发建设中，由于开发商将增量成本转嫁到消费者身上，消费者的购买意愿不高。针对这一问题，本书基于外部性理论、激励理论和系统动力学相关理论，对PC建筑的碳排放进行了测算，并据此对PC建筑的生态激励机理进行了分析，建立了基于系统动力学的PC建筑激励并借助于Vensim软件构建了沈阳市PC建筑激励系统动力学模型，通过模型的模拟，分析确定了关键影响因素，运用激励政策模拟所得结论，设计了沈阳市PC建筑激励方案。本书得出的主要结论具体如下：

（1）从全过程、全要素、全视角的三维角度对PC住宅碳排放进行测算，能够保证该测算内容的完整性和科学性。本书从这三个维度，将PC住宅的全生命周期分为规划设计、构件生产运输、安装施工、使用及维护阶段和拆除及回收这五个阶段，以人工、材料、机械各要素分析为脉络，分别针对PC住宅产业链上各方，测算分析其碳排放情况，这种全新模式构建极大地保证了PC住宅碳排放测算体系的先进性和全面性。

（2）应用碳排放系数法和数学模型法相结合的集成化方式，可以对PC住宅的碳排放进行科学的测算。这种以定量分析取代以往的定性分析，将凸显其相较于传统现浇建筑在节能减排方面的优越性，同时也为探索更加完善的针对PC住宅的碳排放化方法，为建筑领域的碳排放标准化计算提供理论依据。

本书构建了PC住宅碳排放测算体系，对PC住宅全生命周期内，以人工、材料、机械等要素为依据，并以开发商、设计单位、构件生产厂商、建设方、消费者、物业管理单位等视角为脉络，对各类碳排放源进行识别、确认、建模及量化，得出PC住宅全生命周期内的碳排放。最重要的是，根据本书建立的PC住宅碳排放测算体系可对PC住宅全生命周期内碳排放量进行全面、定量的认识，保证了测算的全面性和准确度。

（3）消费者是PC住宅全生命周期内最大的碳排放产生者和承担者。根据本书研究的 PC 住宅碳排放测算体系，可进一步、深层次分析 PC 住宅的碳排放源情况，有助于追溯至 PC 住宅全生命周期源头——设计阶段，以项目进展过程中的不同参与方——开发商、设计单位、构件生产厂商、建筑方、消费者、物业管理单位等视角，定量分析其碳排放情况，为后续研究提供严谨可靠的数据支撑。以 PC 住宅碳排放测算体系为基础，对沈阳市洪汇园项目 7 号楼的案例分析发现，在其全生命周期内产业链上的碳排放各方中，消费者贡献了最多的碳排放量，高达全生命周期总量的 85.343%。在对探求 PC 住宅碳排放相关责任分担、利益分配，以及进一步对 PC 住宅生态效益激励机制的设计时，本书结论为诸如此类的决策和判断提供科学的思路和依据，即消费者理应成为碳排放责任的首要承担者。

（4）利用系统动力学软件 Vensim 构建系统动力学模型，通过政策有无对比分析以及比较在不同的激励政策下 PC 建筑的"投入—产出"情况可得，PC 建筑激励的关键影响因素包括科研基金、运营阶段消费者单位面积补贴、生产阶段单位构件补贴，而其他因素的变动对于净现值的影响较小，本书所建立的沈阳市 PC 建筑激励模型的模拟仿真结论可作为政府制定相关政策的重要依据。

（5）目前 PC 建筑激励政策多是基于供给端的激励，即对开发商进行的激励，激励效果不明显，需要改变激励策略，将激励重心转移到对于技术研发和 PC 建筑消费者，逐步形成以技术研发为前提、以需求端为导向的 PC 建筑激励机制。

（6）PC 建筑激励分为三阶段进行：在 PC 建筑市场的启动阶段，PC 建筑的激励要侧重于技术研发和对构件厂的补贴；在 PC 建筑市场的成长阶段，PC 建筑的激励侧重于需求端的激励，即通过提供给消费者优惠贷款、税收优惠等政策以促进消费者的购买；而在 PC 建筑发展市场成熟期，PC 建筑的开发达到一定的规模化、产业化，PC 建筑的开发回到市场主导的正常轨道，PC 建筑的推广水到渠成，政府应逐渐降低对 PC 建筑的激励力度，让市场发挥主体作用。

8.2 研究不足与展望

本书虽然倾注了大量的精力完成，然而，由于缺乏经验和模型本身的特点，仍然存在一些不足，需要进一步的研究。本书的不足主要包括以下几个方面：

（1）目前，由于我国缺乏标准的建筑材料碳排放因子数据库，而且 PC 住宅在其全生命周期内涉及的建筑材料种类众多，数量巨大，各种建筑材料开采生产的工艺存在差异，因此在针对其进行碳排放测算时存在有很大困难。本书在测算建筑材料碳排放量时，依照的主要是相关规范标准及文献所使用的常用的建筑材料的碳排放因子。在对建筑材料、能源资源的测算边界的选择时，也存在一定的遗漏。因此，在后续的研究中，需要从数量及质量两个维度不断完善补充以建立标准的碳排放因子数据库。同时该体系也需要相应地结合碳排放因子、案例数据等不断更新、修改、完善。

（2）本书所建立的 PC 建筑激励系统动力学模型虽然是从技术研发、规划设计、生产、运输、施工安装六个阶段出发构建的，并对各个阶段的元素之间的相互作用关系进行了全面分析，但是本书研究的截止点是 PC 建筑的运营阶段，对后期 PC 建筑的维护和拆除阶段没做具体研究。

（3）本书是在一定的假设条件下进行的，是一种构建模型和模型分析，假设条件更加理想化，实际情况更为复杂，会有很多突发状况的发生，模型变量的选择、变量之间的方程关系有待更好地调整。

（4）系统动力学软件是一种模拟仿真软件，软件自身就会存在一定的局限性，系统动力学侧重于趋势的预测，而不是具体数值的预测，因为在建立模型过程中，部分变量之间的函数关系是近似估计的，存在一定的误差。

本书通过对阻碍 PC 建筑推广的原因分析起，找到激励在 PC 建筑发展中的作用机理，对 PC 建筑补贴的必要性进行分析，依据经济学相关理论，构建了 PC 建筑激励机制，并结合实际给出了切实可行的建议。同时，必须看到的是，政府仅仅靠单纯的直接政策激励是远远不够的，唯有制定更为完善的相关法规、标准，关注整个房地产业上下游各相关方的不同利益诉求，培育构造全产业链的建筑工业化经营模式，最终发展孕育出足以产生规模经济优势的产业格局，PC 建筑产业才能大有作为。

参 考 文 献

[1] Salon D，Sperling D，Meier A，et al. City carbon budgets：A proposal to align incentives for climate-friendly communities[J]. Energy Policy，2010，38(4)：2032-2041．

[2] 于振明．沈阳市现代建筑产业发展对策[J]．沈阳建筑大学学报(社会科学版)，2014(1)：1-3.

[3] 卢现祥．市场经济的新问题：人的机会主义行为倾向及其制约机制[J]．中州学刊，1997(1)：12-15.

[4] 付欣，李丽红，雷云霞．推动沈阳市现代建筑产业发展的原则与建议[J]．辽宁经济，2015(3)：63-65.

[5] 林金鑫，李丽红，峦岚．沈阳市现代建筑产业发展的成本瓶颈分析与对策[J]．辽宁经济，2013(7)：32-33.

[6] 齐宝库，王明振，李丽红，等．基于问卷调查的"装配式建筑"认知现状分析[J]．辽宁经济，2013(7)：34-35.

[7] 王军锋，侯超波．中国流域生态激励机制实施框架与激励模式研究——基于激励资金来源的视角[J]．中国人口．资源与环境，2013，23(2)：23-29.

[8] 侯月明，乔晓东，孙卫，等．开源分析工具在中文文献分析中的应用[J]．现代图书情报技术，2013(3)：71-76.

[9] 李丽红，隋思琪，付欣，等．装配整体式建筑经济装配率的测算[J]．建筑经济，2015，36(7)：91-94.

[10] 李丽红，隋思琪，付欣，等．装配式住宅构件预制率的测算及构件类型的选择[J]．建筑与预算，2015(7)：48-52.

[11] 齐宝库，王明振，赵璐，等．PC建筑建造方案综合评价指标体系构建与评价方法研究[J]．建筑经济，2013(11)：108-112.

[12] 张伟．装配整体式混凝土结构钢筋连接技术研究[D]．西安：长安大学，2015.

[13] 刘康．预制装配式混凝土建筑在住宅产业化中的发展及前景[J]．建筑技术开发，2015，42(1)：7-15.

[14] 李颖．基于价值链模型的装配整体式建筑成本分析研究[J]．中国管理信息化，2016，19(7)：10-14.

[15] 李滨．我国预制装配式建筑的现状与发展[J]．中国科技信息，2014(7)：114-115.

[16] 徐雨濛．我国装配式建筑的可持续性发展研究[D]．武汉：武汉工程大学，2015.

[17] 蒋勤俭．国内外装配式混凝土建筑发展综述[J]．建筑技术，2010，41(12)：1074-1077.

[18] Murray N，Fernando T，Aouad G. A Virtual Environment for the Design and Simulated Construction of Prefabricated Buildings[J]. Virtual Reality，2003，6(4)：244-256.

[19] 李丽红，耿博慧，齐宝库，等．装配式建筑工程与现浇建筑工程成本对比与实证研究[J]．建筑经济，2013(9)：102-105.

［20］ 齐宝库，王明振．我国 PC 建筑发展存在的问题及对策研究［J］．建筑经济，2014，35(7)：18-22.

［21］ 崔璐．预制装配式钢结构建筑经济性研究［D］．济南：山东建筑大学，2015.

［22］ 杨波．绿地集团装配式建筑探索与实践［J］．绿色建筑，2015，7(1)：19-22.

［23］ 郑方园．保障性住房的工业化设计研究［D］．济南山东建筑大学，2013.

［24］ 张博为．基于 PCa 装配式技术的保障房标准设计研究——以北方地区为例［D］．大连：大连理工大学，2013.

［25］ Hong J K，Shen GQ，Mao C，et al．Life-cycle energy analysis of prefabricated building components：an input-output-based hybrid model ［J］．Journal of Cleaner Production，2016，112：2198-2207.

［26］ Silva PCP，Almeida M，Braganca L，et al．Development of prefabricated retrofit module towards nearly zero energy buildings ［J］．Resources Conservation and Recycling. 2009，53：276-286.

［27］ Kamenetskii M I．Construction industry and national economy：Modern rends and urgent problems of perspective development ［J］．Ecological Economics，2011，22(1)：55-63.

［28］ 韩丽霞．产业化集合住宅户型设计方法研究［D］．北京：北京工业大学，2016.

［29］ Warszawski A．Industrialized and automated building stems，emissions in the EU manufacturing sector［J］．Energy Economics，2013，29(4)：636-664.

［30］ Barow J．From craft production to mass customization ［J］．Journal of Environmental Management，2014，56(4)：247-257.

［31］ Pan YF，Wang JW．Research on Selection of Logistics Supplier in the Process of Housing In dustrialization ［J］．Spring Singapore，2017.

［32］ Lehmanns．Low carbon construction systems using prefabricated engineered solid wood panels for urban infill to significantly reduce greenhouse gas emissions［J］．Sustainable Cities & Society，2013：229-229.

［33］ Blismas N，Wakefield R，Hauser B．Concrete prefabricated housing via advances in systems technologies ［J］．Organization & Environment，2009，20(2)：137-156.

［34］ Zhang P，Gao JX，Zhu HT，et al．Effect of Prefabricated Crack Length on Fracture Toughness and Fracture Energy of Fly Ash Concrete Reinforced by Nano-SiO$_2$ and Fibers［J］．Environmental Science & Technology，2016，43(16)：6414-6420.

［35］ Wang Y，Wang L，Long E，et al．An experimental study on the indoor thermal environment in prefabricated house in the subtropics ［J］．Energy and Buildings，2016，127(9)：529-539.

［36］ Samani P，Leal V，Mendes A，et al．Comparison of passive cooling techniques in improving thermal comfort of occupants of a pre-fabricated building ［J］．Energy Policy，2016，38(9)：4848-4855.

［37］ 宗和．国务院力推建造方式改革——《关于大力发展 装配式建筑的指导意见》的政策解读［J］．建筑设计管理，2016，33(11)：43-44＋53.

［38］ ISO 14040．Environmental management- Life cycle assessment - Principles and framework（ISO 14040：2006).［J］．International Standard Iso，2006.

［39］ Claisse，P A Ganjian E，Sadeghi-Pouya H．Site trials of concrete with a very low carbon footprint ［M］，London：Taylor & Francis Ltd，2007：11-18.

［40］ Castro-Lacouture D，Sefair JA，Flo′rez L，et al．Optimization model for the selection of materials using a LEED-based green building rating system in Colombia [J]. Building and Environment. 2009 (44): 1162-1170.

[41] 赵春芝, 蒋荃, 马丽萍. 建材行业开展碳足迹认证的探讨[J]. 中国建材科技, 2010(S2): 79-89.

[42] 张肖, 吴高明, 吴声浩, 等. 大型钢铁企业典型工序碳排放系数的确定方法探讨[J]. 环境科学学报, 2012, 32(8): 2024-2027.

[43] Kneifel J. Life-cycle carbon and cost analysis of energy efficiency measures in new commercial buildings [J]. Energy and Buildings, 2010, 42(3): 333-340.

[44] Gustavsson L, Joelsson A, Sathre R. Life cycle primary energy use and carbon emission of an eight-storey wood-framed apartment building[J]. Energy and Buildings, 2010, 42(2): 230-242.

[45] 尚春静, 张智慧. 建筑生命周期碳排放测算[J]. 工程管理学报, 2010(24): 7-12.

[46] 张智慧, 尚春静, 钱坤. 建筑生命周期碳排放评价[J]. 建筑经济, 2010(2): 44-46.

[47] Chen G Q, Chen H, Chen Z M, et al. Low-carbon building assessment and multi-scale input-output analysis[J]. Communications in Nonlinear Science & Numerical Simulation, 2011, 16 (1): 583-595.

[48] 李静, 刘燕. 基于全生命周期的建筑工程碳排放计算模型[J]. 工程管理学报, 2015(4): 12-16.

[49] Liu B, Shenjun Q I, Zhang Y, et al. Study on Carbon Emission and Emission Reduction Strategies of Buildings Life Cycle in Hot Summer and Warm Winter Zone[J]. Construction Economy, 2016, 326 (4): 251-256.

[50] 黄一如, 张磊. 产业化住宅物化阶段碳排放研究[J]. 建筑学报, 2012(8): 100-103.

[51] 吴水根, 谢银. 浅析装配式建筑结构物化阶段的碳排放计算[J]. 建筑施工, 2013, 35(1): 85-88.

[52] Waye V. Carbon Footprints, Food Miles and the Australian Wine Industry[J]. Social Science Electronic Journal, 2008, 9(1).

[53] Huang Y A, Lenzen M, Weber C L, et al. The role of input-output analysis for the screening of corporate carbon footprints[J]. Economic Systems Research, 2009, 21(3): 217-242.

[54] Berners-Lee M, Howard D C, Moss J, et al. Greenhouse gas footprinting for small businesses-the use of input-output data. [J]. Science of the Total Environment, 2011, 409(5): 883-91.

[55] Browne D, O'Regan B, Moles R. Use of carbon footprinting to explore alternative household waste policy scenarios in an Irish city-region[J]. Resources Conservation & Recycling, 2009, 54(2): 113-122.

[56] Brown M A, Southworth F, Sarzynski A. The geography of metropolitan carbon footprints [J]. Policy & Society, 2009, 27(4): 285-304.

[57] Sovacool B K, Brown M A. Twelve metropolitan carbon footprints: A preliminary comparative global assessment[J]. Energy Policy, 2010, 38(9): 4856-4869.

[58] Larsen H N, Hertwich E G. Identifying important characteristics of municipal carbon footprints[J]. Ecological Economics, 2010, 70(70): 60-66.

[59] 黄祖辉, 米松华. 农业碳足迹研究——以浙江省为例[J]. 农业经济问题, 2011(11): 40-47.

[60] Agency I E. CO₂ emissions from fuel combustion[J]. Oecd Observer, 2011(3): 3.

[61] 刘新宇. 论产业结构低碳化及国际城市比较[J]. 生产力研究, 2010(4): 199-202.

[62] Diakoulaki D, Mandaraka M. Decomposition analysis for assessing the progress in decoupling indus-

trial growth from CO_2, emissions in the EU manufacturing sector[J]. Energy Economics, 2007, 29 (4): 636-664.

[63] 陈红敏. 包含工业生产过程碳排放的产业部门隐含碳研究[J]. 中国人口：资源与环境, 2009, 19 (3): 25-30.

[64] Chang T C, Lin S J. Grey relation analysis of carbon dioxide emissions from industrial production and energy uses in Taiwan[J]. Journal of Environmental Management, 1999, 56(4): 247-257.

[65] Cole C V, Flach K, Lee J, et al. Agricultural sources and sinks of carbon[J]. Water Air & Soil Pollution, 1993, 70(1-4): 111-122.

[66] Bouwman A F. Soils and the greenhouse effect[C]// Soils and the greenhouse effect. 1990: 229-229.

[67] 许文强, 陈曦, 罗格平, 等. 土壤碳循环研究进展及干旱区土壤碳循环研究展望[J]. 干旱区地理, 2011, 34(4): 614-620.

[68] Jiao Y, Zhu X U, Zhao J H, et al. Changes in soil carbon stocks and related soil properties along a 50-year grassland-to-cropland conversion chronosequence in an agro-pastoral ecotone of Inner Mongolia, China[J]. 干旱区科学, 2012, 4(4): 420-430.

[69] Jorgenson A K. Does foreign investment harm the air we breathe and the water we drink? [J]. Organization & Environment, 2007, 20(2): 137-156.

[70] 赵荣钦, 秦明周. 中国沿海地区农田生态系统部分碳源/汇时空差异[J]. 生态与农村环境学报, 2007, 23(2): 1-6.

[71] 国家发改委能源所课题组. 中国 2050 年低碳发展之路——能源需求暨碳排放情景分析[J]. 经济研究参考, 2010(26): 2-22.

[72] 张陶新, 周跃云, 赵先超. 中国城市低碳交通建设的现状与途径分析[J]. 城市发展研究, 2011, 18 (1): 68-73.

[73] 姜照华, 李鑫. 低碳交通运输体系的构建与发展对策[J]. 改革与开放, 2011(24): 91-92.

[74] Hertwich E G, Peters G P. Carbon footprint of nations: a global, trade-linked analysis. [J]. Environmental Science & Technology, 2009, 43(16): 6414-20.

[75] Kenny T, Gray N F. Comparative performance of six carbon footprint models for use in Ireland[J]. Environmental Impact Assessment Review, 2009, 29(1): 1-6.

[76] Schulz N B. Delving into the carbon footprints of Singapore—comparing direct and indirect greenhouse gas emissions of a small and open economic system[J]. Energy Policy, 2010, 38(9): 4848-4855.

[77] Herrmann I T, Hauschild M Z. Effects of globalization on carbon footprints of products[J]. CIRP Annals—Manufacturing Technology, 2009, 58(1): 13-16.

[78] Morgan-Hughes J, Fusta M, Campoy C, et al. Understanding changes in the UK's CO_2 emissions: a global perspective. [J]. Environmental Science & Technology, 2010, 44(4): 1177-84.

[79] 刘少瑜, 苟中华, 巴哈鲁丁. 建筑物温室气体排放审计——香港建筑物碳审计指引介绍[J]. 中国能源, 2009, 31(6): 30-33.

[80] Arena A P, Rosa C D. Life cycle assessment of energy and environmental implications of the implementation of conservation technologies in school buildings in Mendoza—Argentina[J]. Building &

Environment，2003，38(2)：359-368.

[81]　Contreras A M，Dominguez E R，Pérez M，et al. Comparative Life Cycle Assessment of four alterna-tives for using by-products of cane sugar production[J]. Journal of Cleaner Production，2009，17(8)：772-779.

[82]　Suzuki M，Oka T，Okada K. The estimation of energy consumption and CO 2，emission due to hous-ing construction in Japan[J]. Energy ＆ Buildings，1995，22(2)：165-169.

[83]　Yan H，Shen Q，Fan L C H，et al. Greenhouse gas emissions in building construction：A case study of One Peking in Hong Kong[J]. Building ＆ Environment，2010，45(4)：949-955.

[84]　陈莹，朱嬿. 住宅建筑生命周期能耗及环境排放模型[J]. 清华大学学报(自然科学版) 2010，50(3)：325-329.

[85]　朱嬿，陈莹. 住宅建筑生命周期能耗及环境排放案例[J]. 清华大学学报(自然科学版) 2010，17(6)：330-340.

[86]　尚春静，储成龙，张智慧. 不同结构建筑生命周期的碳排放比较[J]. 建筑科学，2011，27(12)：66-70.

[87]　乔永锋. 基于生命周期评价法(LCA)的传统民居的能耗分析与评价[D]. 西安：西安建筑科技大学，2006.

[88]　刘博宇. 住宅节约化设计与碳减排研究[D]. 上海：同济大学，2008.

[89]　何建坤，刘滨，张阿玲. 我国未来减缓 CO_2 排放的潜力分析[J]. 清华大学学报(哲学社会科学版)，2002(6)：75-80.

[90]　孟楠. 各省发展装配式建筑最新政策汇总[J]. 建筑，2016(20)：20-21.

[91]　蔡强，赵诣丰. 装配式混凝土建筑的发展与前景[J]. 现代经济信息，2015(5)：393.

[92]　宋天平. 产业化"低碳住宅"成本激励与收益分享机制研究[D]. 长沙：中南林业科技大学，2014.

[93]　欧阳志云，郑华，岳平. 建立我国生态激励机制的思路与措施[J]. 生态学报，2013，33(03)：686-692.

[94]　潘华，徐星. 生态激励投融资市场化机制研究综述[J]. 昆明理工大学学报(社会科学版)，2016，16(1)：59-64.

[95]　高颖. PPP 项目需求量下降情形下政府事后激励机制研究[D]. 天津：天津大学，2014.

[96]　钱全. 基于外部效益分析的农田生态补偿标准研究[J]. 现代农业科技，2016(18)：234，237.

[97]　刘景矿. 建筑废弃物管理成本激励模型研究[D]. 广州：华南理工大学，2013.

[98]　齐宝库，朱娅，马博，等. 装配式建筑综合效益分析方法研究[J]. 施工技术，2016，45(4)：39-43.

[99]　孙明波，张世勋. 电子废弃物回收企业经济激励机制的系统动力学研究[J]. 科技管理研究，2012，32(23)：210-213.

[100]　杨姝，谭旭红，张庆华，等. 基于系统动力学的矿产资源激励体系构成研究[J]. 资源开发与市场，2012，28(06)：501-503.

[101]　田菲菲. 基于系统动力学的建筑安全事故管理研究[D]. 哈尔滨：哈尔滨工业大学，2014.

[102]　刘景矿，王幼松，张文剑，等. 基于系统动力学的建筑废弃物管理成本-收益分析——以广州市为例[J]，系统工程理论与实践，2014(6)：1480-1490.

[103]　董鹤. 基于系统动力学的佳木斯市水资源优化配置仿真研究[D]. 哈尔滨东北农业大学，2014.

[104] 张力菠. 供应链环境下库存控制的系统动力学仿真研究[D]. 南京：南京理工大学，2006.

[105] 刘爽. 基于系统动力学的大城市交通结构演变机理及实证研究[D]. 北京：北京交通大学，2009.

[106] 胡大伟. 基于系统动力学和神经网络模型的区域可持续发展的仿真研究[D]. 南京：南京农业大学，2006.

[107] 张荫，王波，张建. 基于层次分析法的生土建筑综合效益评价[J]. 西安建筑科技大学学报（自然科学版），2011，43(3)：330-334.

[108] 李可柏，齐宝库，王欢. 基于DEMATEL的装配式建筑发展制约因素分析[J]. 住宅产业，2013(8)：49-51.

[109] 李丽红，王卓，林金鑫. 基于ISM模型的PC建筑综合效益分析[J]. 建筑经济，2017，38(3)：95-98.

[110] 邓德胜. 现代市场营销学[M]. 北京：北京大学出版社，2009.

[111] 杨继. 碳排放交易的经济学分析及应对思路[J]. 当代财经，2010(10)：16-24.

[112] 李凯杰，曲如晓. 碳排放交易体系初始排放权分配机制的研究进展[J]. 经济学动态，2012(6)：130-138.

[113] 罗智星，杨柳，刘加平等. 建筑材料CO_2排放计算方法及其减排策略研究[J]. 建筑科学，2011，27(4)：1-8.

[114] 张时聪，徐伟，孙德宇. 建筑物碳排放计算方法的确定与应用范围的研究[J]. 建筑科学，2013，29(2)：35-41.

[115] 林憲德，張又升，歐文生，等. 台湾建材生产耗能與二氧化碳排放之解析[J]. 建筑学报，2002.

[116] 黄志甲，冯雪峰，张婷. 住宅建筑碳排放测算方法与应用[J]. 建筑节能，2014(4)：48-52.

[117] Leontief W W. The structure of American economy, 1919-39[M]. Oxford University Press，1941.

[118] 闵惜琳. 低碳基础指标测算综述[J]. 科技管理研究，2012，32(15)：96-99.

[119] 梁磊，吕伟娅. 节水与低碳排放关联研究[C]//中国可持续发展论坛暨中国可持续发展研究会学术年会，济南，2010-10-22.

[120] Nässén J, Holmberg J, Wadeskog A, et al. Direct and indirect energy use and carbon emissions in the production phase of buildings: An input-output analysis[J]. Energy，2007，32(9)：1593-1602.

[121] 董会娟，耿涌. 基于投入产出分析的北京市居民消费碳足迹研究[J]. 资源科学，2012，34(3)：494-501.

[122] 王微，林剑艺，崔胜辉，等. 碳足迹分析方法研究综述[J]. 环境科学与技术，2010，33(7).

[123] Matthews H S, Hendrickson C T, Weber C L. The Importance of Carbon Footprint Estimation Boundaries[J]. Environmental Science & Technology，2008，42(16)：5839-42.

[124] 王雪娜，顾凯平. 中国碳源排碳量估算办法研究现状[J]. 环境科学与管理，2006，31(A04)：78-80.

[125] 罗智星，杨柳，刘加平. 办公建筑物化阶段CO_2排放研究[J]. 土木建筑与环境工程，2014，36(5)：37-43.

[126] 鞠颖，陈易. 建筑运营阶段的碳排放计算——基于碳排放因子的排放系数法研究[J]. 四川建筑科学研究，2015，41(3)：175-179.

[127] 张涛，吴佳洁，乐云. 建筑材料全生命期CO_2排放量计算方法[J]. 工程管理学报，2012，26(1)：23-26.

[128] 张波，李德智，崔鹏等．国外建筑物碳排放数据库引介研究[J]．建筑，2015(14)．

[129] 常纪文．哥本哈根会议后中国应对气候变化的策略[J]．环境经济，2010(1)：30-36．

[130] 李兴福，徐鹤．基于 GaBi 软件的钢材生命周期评价[J]．环境保护与循环经济，2009，29(6)：15-18．

[131] 王小兵，邓南圣，孙旭军．建筑物生命周期评价初步[J]．环境科学与技术，2007，25(4)：18-20．

[132] 郑立红，冯春善．绿色建筑全生命周期碳排放测算及节能减排效益分析——以天津某办公建筑为例[J]．动感(生态城市与绿色建筑)，2014(3)：60-62．

[133] Cole R J. Energy and greenhouse gas emissions associated with the construction of alternative structural systems[J]. Building and Environment，1999(34)：335-348．

[134] Dias W P S，Pooliyadda S P. Quality Based Energy Contents and Carbon Coefficients for Building Materials：A Systems Approach[J]. Energy，2004，29：561-580．

[135] Noland R B，Hanson C S. Planning Level Assessment of Greenhouse Gas Emissions for Alternative Transportation Construction Projects：Carbon Footprint Estimator，Phase Ⅱ. Volume Ⅰ：GASCAP Model[R]. Aidsmeds Com，2014．

[136] 张文超，肖益民，韩青苗．基于施工图的建筑建造阶段碳计算方法初探[J]．建筑热能通风空调，2012，31(1)：28-31．

[137] Frame I. An Introduction to a Simple Modeling Tool to Evaluate the Annual Energy Consumption and Carbon Dioxide Emissions from Non-domestic Buildings[J]. Structural Survey，2005，23(1)：30-41．

[138] 杨倩苗．建筑产品的全生命周期环境影响定量评价[D]．天津：天津大学，2009．

[139] 王霞．住宅建筑生命周期碳排放研究[D]．天津：天津大学环境科学与工程学院，2011．

[140] 李兵，李云霞，吴斌，等．建筑施工碳排放测算模型研究[J]．土木建筑工程信息技术，2011，3(2)：5-10．

[141] 汪振双，赵一键，刘景矿．基于 BIM 和云技术的建筑物化阶段碳排放协同管理研究[J]．建筑经济，2016(2)：88-90．

[142] 华虹，王晓鸣，邓培，等．基于 BIM 的公共建筑低碳设计分析与碳排放计量[J]．土木工程与管理学报，2014(2)：62-67．

[143] 李兵．低碳建筑技术体系与碳排放测算方法研究[D]．武汉：华中科技大学，2012．

[144] 欧晓星，李启明，李德智．基于 BIM 的建筑物碳排放度量平台构建与应用[J]．建筑经济，2016，37(4)：100-104．

[145] 李雪梅，姚雨竹．BIM 技术在建筑物全生命周期碳排放中的应用[J]．建筑技术，2016，47(5)：407-411．

[146] 梁剑麟，陈若山．BIM 技术在公共建筑低碳设计与碳排放计量中的研究[J]．低碳世界，2016(19)：177-178．

[147] Dodoo A，Gustavsson L，Sathre R. Carbon Implications of End-of-Life Management of Building Materials[J]. Resources Conservation and Recycling. 2009，53(5)：276-286．

[148] 彭渤．绿色建筑全生命周期能耗及二氧化碳排放案例研究[D]．北京：清华大学，2010．

[149] Harmouche N，Ammouri A，Srour I，et al. Developing a Carbon Footprint Calculator for Construc-

tion Buildings[C]//Construction Research Congress 2012：1689-1699.

[150]　Hammond G P, Jones C I. Embodied Energy and Carbon in Construction Materials[J]. Energy, 2008，161(2)：87-98.

[151]　张春霞，章蓓蓓，黄有亮，等．建筑物能源碳排放因子选择方法研究[J]．建筑经济．2010(10)：106-109.

[152]　吴淑艺，赖芨宇，孙晓丹．基于工程量清单的建筑施工阶段碳排放计算——以福建省为例[J]．工程管理学报，2016，30(3).

[153]　李天华，袁永博，张明媛．装配式建筑全寿命周期管理中 BIM 与 RFID 的应用[J]．工程管理学报，2012，26(3)：28-32.

[154]　《环境科学大辞典》编委会．环境科学大辞典[M]．北京：中国环境科学出版社，1991：326.

[155]　吕忠梅．超越与保守——可持续发展视野下的环境法创新[M]．北京：法律出版社，2003：355.

[156]　庄国泰，高鹏，王学军．中国生态环境激励费的理论与实践[J]．中国环境科学，1995，15(6)：413-418.

[157]　毛显强，钟瑜，张胜．生态激励的理论探讨[J]．中国人口资源与环境，2002(4)：38-41.

[158]　常永智．经济区域竞争对中国经济发展的影响[D]．长春：东北师范大学，2013.

[159]　罗君丽．罗纳德·科斯的经济学方法论：起源与发展[D]．杭州：浙江大学，2017.

[160]　朱中彬．外部性理论及其在运输经济中的应用分析 [M]．北京：中国铁道出版社，2003：24-40.

[161]　Marshall A. Principles of economics[M]. London：Macmillan，1920：66.

[162]　吴婷婷．基于双因素理论的我国新生代知识型员工激励因素及对策研究[D]．上海：上海社会科学院，2016.

[163]　Holmstorm B. Moral Hazard and Observability[J]. The Bell Journal of Economics，1979(10)：21-24.

[164]　谢高贤，刘善庆．从个体激励到组织激励西方激励理论的演进概述[J]．商业时代，2012(15)：15-19.

[165]　李月琴，陈兴帮．可持续性建筑初探[J]．湖南农机，2013(3)：238-239

[166]　邢帅．天津港的区域经济贡献研究[D]．大连：大连海事大学，2011.

[167]　邓国春．基于系统动力学的矿区生态环境系统研究及应用[D]．赣州：江西理工大学，2009.

[168]　刘维．工程项目多要素集成控制模型与应用研究[D]．成都：西南石油大学，2014.

[169]　贾磊．基于系统动力学的装配式建筑项目成本控制研究[D]．青岛：青岛理工大学，2016.

[170]　刘燕．基于全生命周期的建筑碳排放评价模型[D]．大连：大连理工大学，2015.

[171]　马维尼．基于工程造价实证分析谈工程建设碳排放管理[J]．价值工程，2015，34(33)：35-37.

[172]　王玉．工业化预制装配建的全生命周期碳排放研究[D]．南京：东南大学，2016.

[173]　李丽红，张艳霞．装配式建筑价格补偿机制研究[J]．建筑经济，2016，37(9)：77-80.

[174]　徐奇升，苏振民，王先华．基于系统动力学的建筑工业化支撑环境影响因素分析[J]．工程管理学报，2012(4)：36-39.

[175]　齐宝库，朱娅，刘帅，等．基于产业链的装配式建筑相关企业核心竞争力研究[J]．建筑经济，2015，36(8)：102-105.

[176]　苗丽娜．基于系统动力学的金融生态环境评价研究[D]．武汉：武汉理工大学，2007.

[177]　董士璇，刘玉明．基于系统动力学的绿色建筑规模化推进策略研究[J]．工程管理学报，2013，27

(6)：16-20.

[178] 王娟利. 基于系统动力学的燃煤电厂财务预测研究[D]. 北京：华北电力大学，2015.

[179] 朱毅杰. 建筑废弃物减排经济激励机制研究[D]. 重庆：重庆大学，2015.

[180] 周念平. 我国重要生态功能区的生态激励机制研究[D]. 昆明：昆明理工大学，2013.

[181] 王璐. 基于SD技术的区域发展总体规划目标制定研究[D]. 大连：辽宁师范大学，2009.

[182] 朱百峰，李丽红，付欣. 装配整体式建筑的生态环境效益评价指标体系研究[J]. 沈阳建筑大学学报(社会科学版)，2015，17(4)：401-406.

[183] 陈艳，王宇，贾磊. 基于系统动力学的装配式建筑成本控制研究[J]. 价值工程，2017，36(32)：1-5.

[184] 卢紫灿. 基于系统动力学的住宅增存量市场联动协调发展研究[D]. 西安：西安建筑科技大学，2015.

[185] 刘晓然. 城市抗震防灾系统的动态演化特征与模型化研究[D]. 北京：北京工业大学，2015.

[186] 刘雯静. 资本运行视角下金融效率的系统动力学模型构建[D]. 青岛：中国海洋大学，2011.

[187] 韩丽红. 基于市场机制的建筑节能对策研究[D]. 北京：中国地质大学(北京)，2008.